U0241607

总体国家安全观普及丛书

GUOJIA SHENGWU ANQUAN ZHISHI BAIWEN

国家生物安全知识

本书编写组

人民出版社

前　言

习近平总书记提出的总体国家安全观立意高远、思想深刻、内涵丰富，既见之于习近平总书记关于国家安全的一系列重要论述，也体现在党的十八大以来国家安全领域的具体实践。总体国家安全观所指的国家安全涉及领域十分宽广，集政治、国土、军事、经济等多个领域安全于一体，但又不限于此，会随着时代变化而不断发展，是一种名副其实的"大安全"。为推动学习贯彻总体国家安全观走深走实，引导广大公民增强国家安全意识，在第六个全民国家安全教育日到来之际，中央有关部门组织编写了首批重点领域国家安全普及读本，其中涵盖科技安全、核安全、生物安全等3个领域。

首批国家安全普及读本参照《国家安全知识百问》样式，采取知识普及与重点讲解相结合的形式，内容准确权威、简明扼要、务实管用。读本始终聚焦总体国家安全观，准确把握党中央最新精神，全面反映国家安全形势新变化，紧贴重点领域国家安全工作实际，并兼顾实用性与可读性，配插了图片、图示和视频二维码，对于普及总体国家安全观教育和提高公民"大安全"意识，很有帮助。

总体国家安全观普及读本编委会

2021 年 2 月

C目 录
ONTENTS

篇 二

★　维护重点领域生物安全　★

篇 三

★ 推动形成维护生物安全的强大合力 ★

篇一

生物安全是国家安全的重要组成

为什么要将生物安全纳入国家安全体系？

生物安全是指国家有效防范和应对危险生物因子及相关因素威胁，生物技术能够稳定健康发展，人民生命健康和生态系统相对处于没有危险和不受威胁的状态，生物领域具备维护国家安全和持续发展的能力。

生物安全关乎人民生命健康、经济社会发展、社会大局稳定和国家长治久安，是涉及国家和民族生存与发展的大事，是国家安全的重要组成部分。

> **❯ 重要论述** 把生物安全纳入国家安全体系
>
> 要从保护人民健康、保障国家安全、维护国家长治久安的高度，把生物安全纳入国家安全体系，系统规划国家生物安全风险防控和治理体系建设，全面提高国家生物安全治理能力。要尽快推动出台生物安全法，加快构建国家生物安全法律法规体系、

制度保障体系。

　　——习近平 2020 年 2 月 14 日在中央全面深化
改革委员会第十二次会议上的讲话

**专家解读：把生物安全纳入国家安全体系
意义重大**

 **生物安全领域如何践行总体国家
安全观？**

　　总体国家安全观是习近平新时代中国特色社会主义思想的重要组成部分，是国家安全各领域工作的重要遵循和战略指导，既为生物安全体系建设提供强大的思想武装和行动指南，也对国家生物安全治理提出更高要求。

　　维护生物安全应当贯彻总体国家安全观，统筹发展和安全，坚持以人为本、风险预防、分类管理、协同配合的原则。必须始终坚持以人民安全为宗旨，构筑人民生命健康的生物安全防线，有效化解生物威胁，维护人民群众健康与生命安全；必须始终坚持以维护政治安全为根本，深刻认识生物安全在国家安全中的重要地位，牢牢掌握国家生物安全的战略主动；必须坚持安全与发展协调共进的理念，生物科技、生物经济、生物安全协同发展，互为促进，一体衔接，保障和促进国家经济社会健康可持续发展。

3　生物安全与其他领域国家安全是什么关系？

　　生物安全是国家安全的新兴领域和战略领域，也是国家安全的根基，与国家安全的其他领域相互渗透，相互作用，相互影响，相互传导，并延伸拓展至经济社会发展诸多层面，对国家经济社会发展的影响具有战略性、全域性特点，没有生物安全就没有国家安全。例如，新冠肺炎疫情在我国迅速演变为重大传染病疫情和生物安全事件，感染人数之多、波及范围之广、社会冲击之大前所未有，对人民健康、经济发展、社会稳定和国家安全造成严重影响。

 生物安全工作涉及哪些方面？

生物安全工作主要包括：防控重大新发突发传染病、动植物疫情，防范生物恐怖袭击与防御生物武器

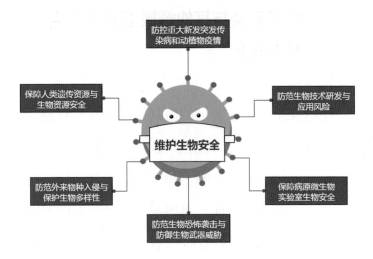

（来源：中国健康教育中心）

威胁，研究、开发、应用生物技术，保障病原微生物实验室生物安全，保障我国生物资源和人类遗传资源的安全，防范外来物种入侵与保护生物多样性，应对微生物耐药以及其他与生物安全相关的活动八方面，覆盖面广，涉及多个学科领域。

5　生物安全法颁布的背景是什么？

　　人类在探索自然、推进经济社会发展过程中，必然会面临各种生物安全风险。其中，既有生物资源和生态环境保护方面的问题，也有促进生物技术健康发展方面的问题，更有重大新发突发传染病、动植物疫情防控等方面的问题。生物安全直接关系到人民的安危，关系到科学技术进步和社会经济发展，体现国家治理能力和水平。

　　近年来，全球生物安全形势日趋严峻。生物技术迅猛发展带来的"双刃剑"效应不断增加，生物资源和生态环境保护压力不断加大，全球重大新发突发传染病、动植物疫情不断出现等生物安全风险形势日趋严峻。传统生物安全问题与非传统生物安全问题交织，外来生物威胁与内部监管漏洞风险并存。我国已先后出现 2003 年非典、2009 年甲型 H1N1 流感大流行、2013 年人感染 H7N9 禽流感疫情、2015 年中东呼吸综合征输入疫情。新冠肺炎疫情的暴发和大流行，更加凸显出国家制定颁布生物安全法的必要性和迫切性。

生物安全法的制定颁布，是维护国家安全，防范和应对生物安全风险，保障人民生命健康，保护生物资源和生态环境，促进生物技术健康发展，推动构建人类命运共同体，实现人与自然和谐共生的需要；是回应人民群众热切关注的需要；也是加强生物安全领域国际合作的需要。我国已加入《禁止生物武器公约》《生物多样性公约》等，制定颁布生物安全法对于更好地履行公约、完善国家生物安全法律法规体系十分必要。

6 生物安全法是何时颁布实施的？

2020 年 10 月 17 日，第十三届全国人民代表大会常务委员会第二十二次会议通过《中华人民共和国生物安全法》，国家主席习近平签署第五十六号主席令予以公布，自 2021 年 4 月 15 日起施行。这是我国生物安全领域第一部综合性法律，是生物安全领域的基础性、综合性、系统性和统领性的法律。

（来源：中国健康教育中心）

009

全国人大常委会举行生物安全法实施座谈会

7 生物安全法颁布和实施有哪些重要意义？

一是有利于保障人民生命安全和身体健康。生物安全法将保障人民生命健康作为立法宗旨，明确维护生物安全应当坚持以人为本的原则，在防范和应对各类生物安全风险时，始终坚持人民至上、生命至上，把维护人民生命安全和身体健康作为出发点和落脚点。

二是有利于维护国家安全。生物安全法坚持总体国家安全观，明确生物安全是国家安全的重要组成部分，把生物安全纳入国家安全体系进行谋划和布局，明确生物安全管理体制机制，完善风险防控制度体系，有效防范和应对各类生物安全风险，维护国家安全。

三是有利于提升国家生物安全治理能力。针对生物安全领域特别是这次新冠肺炎疫情暴露出来的问题，着力固根本、强弱项、补短板，设专章规定生物安全能力建设，要求政府支持生物安全事业发展，鼓励生物科技创新和生物产业发展，加强人才培养和物资储备，统筹布局生物安全基础设施建设，加强国家生物安全风险防控和治理体系建设，提升国家生物安全治理能力。

四是有利于完善生物安全法律体系。生物安全涉

（来源：中国健康教育中心）

及领域广、发展变化快，现有的相关法律法规比较零散和碎片化，有的效力层级较低，有的已经不能完全适应实践需要，有些领域还缺乏法律规范，需要制定一部生物安全领域的基础性法律。

❯ 重要论述　人民至上　生命至上

生命至上，集中体现了中国人民深厚的仁爱传统和中国共产党人以人民为中心的价值追求。"爱人利物之谓仁。"疫情无情人有情。人的生命是最宝贵的，生命只有一次，失去不会再来。在保护人民生命安全面前，我们必须不惜一切代价，我们也能够做到不惜一切代价，因为中国共产党的根本宗旨是全心全意为人民服务，我们的国家是人民当家作主的社会主义国家。我们果断关闭离汉离鄂通道，实施史无前例的严格管控。作出这一决策，需要巨大的政治勇气，需要果敢的历史担当。为了保护人民生命安全，我们什么都可以豁得出来！从出生仅30多个小时的婴儿到100多岁的老人，从在华外国留学生到来华外国人员，每一个生命都得到全力护佑，人的生命、人的价值、人的尊严得到悉心呵护。这是中国共产党执政为民理念的最好诠释！这是中华文明人命关天的道德观念的最好体现！这也是中国人民敬仰生命的人文精神的最好印证！

——习近平2020年9月8日在全国抗击新冠肺炎疫情表彰大会上的讲话

 ## 生物安全法包括哪些内容？

生物安全法共计十章八十八条。第一章为总则，明确了生物安全的重要地位、基本原则和适用范围；第二章为生物安全风险防控体制，建立完善了生物安全风险防控的11项基本制度；第三至七章分别规制防控重大新发突发传染病、动植物疫情，生物技术研究、开发与应用安全，病原微生物实验室生物安全，人类遗传资源与生物资源安全，防范生物恐怖与生物武器威胁等方面生物安全；第八章为生物安全能力建设，第九章为法律责任，第十章为附则。

我国将建立哪些生物安全风险防控制度?

生物安全法规定：建立生物安全风险监测预警制度、风险调查评估制度、信息共享制度、信息发布制

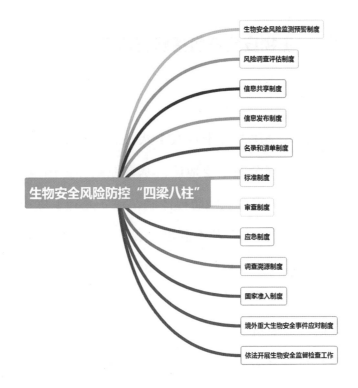

（来源：中国健康教育中心）

度、名录和清单制度、标准制度、审查制度、应急制
度、调查溯源制度、国家准入制度和境外重大生物
安全事件应对制度等 11 项基本制度和依法开展生物
安全监督检查工作，全链条构建生物安全风险防控的
"四梁八柱"。

10 怎样认识生物安全风险监测预警制度？

国家建立生物安全风险监测预警制度。国家生物
安全工作协调机制组织建立国家生物安全风险监测预
警体系，提高生物安全风险识别和分析能力。

11 怎样认识生物安全风险调查评估制度？

国家建立生物安全风险调查评估制度。国家生物

安全工作协调机制根据风险监测的数据、资料等信息，定期组织开展生物安全风险调查评估。凡是有下列情形之一的，有关部门将及时开展生物安全风险调查评估，依法采取必要的风险防控措施：一是通过风险监测或者接到举报发现可能存在生物安全风险；二是为确定监督管理的重点领域、重点项目，制定、调整生物安全相关名录或者清单；三是发生重大新发突发传染病、动植物疫情等危害生物安全的事件；四是需要调查评估的其他情形。

怎样认识生物安全信息共享制度？

国家建立生物安全信息共享制度。国家生物安全工作协调机制组织建立统一的国家生物安全信息平台，有关部门将生物安全数据、资料等信息汇交国家生物安全信息平台，实现信息共享。

13 怎样认识生物安全信息发布制度？

国家建立生物安全信息发布制度。国家生物安全工作协调机制成员单位根据职责分工，发布国家生物安全总体情况、重大生物安全风险警示信息、重大生物安全事件及其调查处理信息等重大生物安全信息。国务院有关部门和县级以上地方人民政府及其有关部

2020 年 1 月 26 日，国务院新闻办公室在北京举行新闻发布会，国家卫生健康委员会、工业和信息化部、交通运输部等有关部门负责同志在会上介绍新型冠状病毒感染的肺炎疫情联防联控工作情况

门根据职责权限，发布其他生物安全信息。任何单位和个人不得编造、散布虚假的生物安全信息。

怎样认识生物安全名录和清单制度？

国家建立生物安全名录和清单制度。国务院及其有关部门根据生物安全工作需要，对涉及生物安全的材料、设备、技术、活动、重要生物资源数据、传染病、动植物疫病、外来入侵物种等制定、公布名录或者清单，并动态调整。

怎样认识生物安全标准制度？

国家建立生物安全标准制度。国务院标准化主管部门和国务院其他有关部门根据职责分工，制定和完善生物安全领域相关标准。

国家生物安全工作协调机制组织有关部门加强不同领域生物安全标准的协调和衔接，建立和完善生物安全标准体系。

16 怎样认识生物安全审查制度？

国家建立生物安全审查制度。对影响或者可能影响国家安全的生物领域重大事项和活动，国务院有关部门将进行生物安全审查，以有效防范和化解生物安全风险。

17 怎样认识生物安全应急制度？

国家建立统一领导、协同联动、有序高效的生物安全应急制度。国务院有关部门组织制定相关领域、行业生物安全事件应急预案，根据应急预案和统一部署开展应急演练、应急处置、应急救援和事后恢复等工作。

县级以上地方人民政府及其有关部门制定并组织、指导和督促相关企业事业单位制定生物安全事件应急预案，加强应急准备、人员培训和应急演练，开展生物安全事件应急处置、应急救援和事后恢复等工作。

中国人民解放军、中国人民武装警察部队按照中央军事委员会的命令，依法参加生物安全事件应急处置和应急救援工作。

18 **怎样认识生物安全事件调查溯源制度？**

国家建立生物安全事件调查溯源制度。一旦发生重大新发突发传染病、动植物疫情和不明原因的生物安全事件，国家生物安全工作协调机制将组织开展调查溯源，确定事件性质，全面评估事件影响，提出意见建议。

（来源：中国健康教育中心）

与病毒赛跑

 怎样认识首次进境或者暂停后恢复进境的动植物、动植物产品、高风险生物因子国家准入制度？

对首次进境或者暂停后恢复进境的动植物、动植物产品、高风险生物因子，海关开展风险评估，明确检疫要求，完成检疫准入，保障国门生物安全。进出境的人员、运输工具、集装箱、货物、物品、包装物和国际航行船舶压舱水排放等需要符合我国生物安全管理要求。海关对发现的进出境和过境生物安全风险，将依法处置。经评估为生物安全高风险的人员、运输工具、货物、物品等，将从指定的国境口岸进境，并采取严格的风险防控措施。

 怎样认识境外重大生物安全事件应对制度？

国家建立境外重大生物安全事件应对制度。境外发生重大生物安全事件时，海关将依法采取生物安全紧急防控措施，加强证件核验，提高查验比例，暂停相关人员、运输工具、货物、物品等进境。必要时经国务院同意，采取暂时关闭有关口岸、封锁有关国境等措施。

**在维护生物安全方面，国家开展
哪些工作？**

一是坚持中国共产党对国家生物安全工作的领
导，建立健全国家生物安全领导体制，加强国家生物
安全风险防控和治理体系建设，提高国家生物安全治
理能力。二是建立健全国家生物安全风险监测预警体
系和风险监测预警、调查评估制度，定期组织开展生
物安全风险调查评估活动，提高生物安全风险识别和
分析能力。三是制定应急预案，建立统一领导、协同
联动、有序高效的生物安全应急体系，定期组织开展
应急处置演练活动，提高应急处置、应急救援和恢复
重建能力水平。四是建立生物安全事件调查溯源制
度。发生重大新发突发传染病、动植物疫情和不明原
因的生物安全事件时，及时组织开展调查溯源，确定
事件性质，全面评估事件影响，提出处置意见。五是
鼓励生物科技创新，加大生物安全科技投入，强化生
物安全科学研究，加大重大科研平台和大数据平台体

系建设，加强生物安全基础设施和生物科技人才队伍建设，突出专业技术人才培养，支持生物产业发展，以创新驱动提升生物科技水平，增强生物安全保障能力。六是加强生物安全领域的国际合作，履行我国缔结或者参加的国际条约规定的义务，支持参与生物科技交流合作与生物安全事件的国际救援，积极参与生物安全国际规则的研究与制定，推动完善全球生物安全治理。七是提升公众生物安全意识和卫生健康素养，提高全民维护国家生物安全的意识与行动自觉。

22 国家加强生物安全能力建设有什么重要意义？

生物安全能力建设是控制或消灭生物安全威胁、积极应对生物安全事件的重要部分，对快速提高我国生物安全治理体系和能力，保障人民健康和国家安全有着重大意义。

如何提高国家应对生物安全事件的能力和水平?

全面提高国家生物安全的治理能力和水平，对于确保人民生命健康、经济社会发展和国家长治久安有着重要的政治意义和现实价值。提升国家生物安全事件应对的能力和水平是个系统工程，包括加快生物安全战略布局，强化生物监测与预警能力建设；加快健全生物安全监管制度，实现发展与管控协同并进；加强应急处置和防控物资的储备，加快关键基础设施的建设和运行；尽快完善生物安全法律和政策，保障生物科技健康发展；深入参与全球生物安全治理，推动生物安全国际规则制定，促进相关国际交流与合作，提升全球生物安全水平；加强人才培养和国际合作，提升生物威胁应对能力。

为什么说科学技术研究对提升
生物安全能力很重要？

习近平总书记指出，科学技术是人类同疾病较量的锐利武器，人类战胜大灾大疫离不开科学发展和技术创新。应对生物安全事件需要有效的药物、疫苗和救治技术，需要有效的检测诊断技术，需要强有力的监测预警能力，这些都需要科技创新。在应对新冠肺炎疫情过程中，面对突如其来的人类未知病毒，我国充分发挥新型举国体制优势，全力推进科研攻关。快速分离出病毒毒株，快速确认病原，并第一时间向全球共享病毒全基因组序列，为国际社会和各国科学家开展新冠病毒研究、诊断试剂研制、药物筛选和疫苗研发提供了条件。病毒序列发布后，14 天完成核酸检测试剂研发和上市，41 天完成抗体检测试剂研发和上市，实现从无到有、从有到优。在严谨的体外研究和机制研究基础上，不断总结救治经验，推动传统抗病毒药物、免疫治疗和

　　2020年6月2日，习近平主持召开专家学者座谈会并发表重要讲话，强调要构建起强大的公共卫生体系，为维护人民健康提供有力保障

中医药方剂、中成药等10种药物或治疗手段进入诊疗方案。推进灭活疫苗、重组蛋白疫苗等5条技术路线，已有数款疫苗进入附条件上市。将大数据用于疫情精准防控，运用流行病学、卫生统计等方法预测、分析、研判新冠肺炎疫情发展趋势，为疫情防控提供科学参考。

战胜大灾大疫离不开科学发展和技术创新

> **延伸阅读** 生物安全科技的国际发展趋势

进入 21 世纪以来，生物科技在推动经济社会发展和全球生物经济转型发展方面发挥了越来越重要的引领作用。生物技术在医药、农业、化工、材料、能源等方面的应用，为人类解决生命健康、环境污染、气候变化、粮食安全、能源危机等重大挑战提供了崭新方案。近年来，全球生物科技领域成果不断，亮点纷呈：合成生物技术、基因编辑技术等前沿技术的应用范围不断拓展；新型 DNA 测序技术促进了生物资源的挖掘利用；光合作用分子机理等基础研究成果带动了产业的快速发展；多学科不断交叉汇聚创造了高水平的创新。

25 为什么要加强生物安全基础设施建设？

生物信息、人类遗传资源保藏、菌（毒）种保藏、动植物遗传资源保藏、高等级病原微生物实验室等，既是常见的生物安全国家战略资源平台，也是国家生物安全基础设施，为生物安全科技创新提供战略保障和支撑，是生物安全能力建设的主要部分。利用这些基础设施可以开展预判性研究，为可能发现的生物安全事件提供关键技术和防控产品。以新冠肺炎疫情防控为例，高等级生物安全实验室是新冠病毒分离鉴定、抗病毒药物筛选、新冠疫苗临床前评价必不可少的场所，为新冠肺炎疫情的防控提供了有力支撑。

> **延伸阅读**　**欧美国家的生物安全基础设施建设**

欧美国家一直在大力加强生物安全基础设施建设。据公开报道，美国建有 15 个生物安全四级实验室，1500 多个生物安全三级实验室。美国的 Jackson Lab 是全球最大的小鼠模型资源中心，ATCC 是世界最大的生物资源中心，Addgene 是一个全球性的非营利性存储库，旨在帮助全球科学家共享质粒；欧洲的 EVAg 是全球最大的病毒共享平台；英国的邱园是世界上规模最大的植物园和全球最大的野生植物种子库。这些生物安全基础设施对其生物安全科技创新及生物安全保障能力都具有重要意义。

26 为什么要加强生物安全人才队伍建设?

"人才是创新的第一资源。"生物安全的建设和管理，都离不开人才队伍的建设和参与，没有高素质的人才队伍，就不可能有高水平的生物安全能力。

加强生物安全人才队伍建设，重点要加强生物基础科学研究人才和生物领域专业技术人才培养。例如，建设一批高水平公共卫生学院，加强公共卫生教育的国际合作，着力培养能解决病原学鉴定、疫情形势研判和传播规律研究、现场流行病学调查、实验室检测等实际问题的人才。设立大数据、人工智能、云计算与疫情防控的交叉专业，培养新型复合型人才。

为什么要加强生物安全领域的国际合作？

　　加强生物安全领域的国际合作，是我国秉持人类命运共同体理念，发挥负责任大国作用，履行中华人民共和国缔结或者参加的国际条约规定的义务，支持参与生物科技交流合作与生物安全事件国际救援，积极参与生物安全国际规则的研究与制定，同国际社会携手推动形成更加包容的全球治理、更加有效的多边机制、更加积极的区域合作，推动完善全球生物安全治理，应对日益严峻的全球性生物安全挑战的需要。

> **❯ 延伸阅读　中国积极推进新冠肺炎疫情防控国际合作**
>
> 　　面对突如其来的新冠肺炎疫情，我国同世界各国携手合作、共克时艰，为全球抗疫贡献了智慧和力量。我国本着公开、透明、负责任的态度，积极

履行国际义务，第一时间向世界卫生组织、有关国家和地区组织主动通报疫情信息，第一时间发布新冠病毒基因序列等信息，第一时间公布诊疗方案和防控方案。我国在自身疫情防控面临巨大压力的情况下，尽己所能为国际社会提供援助，率先邀请世界卫生组织专家来华开展溯源合作。我国积极支持并参与新冠肺炎疫苗国际合作，已经加入"新冠肺炎疫苗实施计划"，努力践行将新冠疫苗作为全球公共产品的承诺，为实现疫苗在发展中国家的可及性和可负担性作出中国贡献。

篇二
维护重点领域生物安全

28 **什么是重大新发突发传染病？**

重大新发突发传染病是指我国境内首次出现或者已经宣布消灭再次发生，或者突然发生，造成或者可能造成公众健康和生命安全严重损害，引起社会恐慌，影响社会稳定的传染病。

❯ 延伸阅读　我国成功抗击新冠肺炎疫情

新型冠状病毒肺炎是近百年来人类遭遇的影响范围最广的全球性大流行病，对全世界是一次严重危机和严峻考验，使人类生命安全和健康面临重大威胁。疫情发生后，中国政府坚持人民至上、生命至上，习近平总书记亲自指挥、亲自部署，统揽全局、果断决策，全国上下迅速打响疫情防控的人民战争、总体战、阻击战，通过艰苦卓绝的努力，用3个月左右的时间取得武汉保卫战、湖北保卫战的决定性成果，进而又接连打了几场局部地区聚集性疫情歼灭战，夺取了全国抗疫斗争重大战略成果。在我国疫情防控进入常态化阶段后，全球疫情持续肆虐，我国坚持"外防输入、内防反弹"的基本策略，统筹推进疫情防控和经济社会发展工作，疫情防控总体形势平稳且持续向好，成为新冠肺炎疫情冲击下 2020 年唯一实现全年经济正增长的主要经济体。我国抗疫斗争的胜利，充分体现了中国特色社会主义国家制度和国家治理体系的显著优越性，为世界树立了典范。

近年来我国发生的重大新发突发传染病主要有哪些？

2003 年至今，我国先后发生了多种新发突发传染病，包括非典、H5N1 禽流感、H7N9 禽流感、H1N1 甲型流感、中东呼吸综合征、寨卡病毒病、新冠病毒肺炎等。

重大新发突发传染病有什么危害？

重大新发突发传染病具有突发性、传播性和不确定性，可以在短时间内突然造成大批人群发病或死亡，从而引发群体性恐慌。严重者，可影响到经济发展、社会稳定、国家安全和政治稳定。

控制新发突发传染病，维护国家安全

如何尽早发现重大新发突发传染病？

国家加强国境、口岸传染病和动植物疫情联合防控能力建设，建立传染病、动植物疫情防控国际合作网络，尽早发现、控制重大新发突发传染病、动植物疫情。为预防可能发生的重大新发突发传染病，国家建立了统一的新发突发传染病监测网络；通过各级卫生健康主管部门、疾病预防控制机构、医疗机构构建传染病监测报告网络直报系统，并根据重大传染病和不明原因疾病的类别，制定监测计划，科学分析、综合评价监测数据。及时监测和发现传染病发展趋势的变化，并在适当时候向社会公布。

对于不明原因疾病的发现和监测，要建立实时敏感的传染病信息收集和分析技术体系，包括症状监测、舆情监测、大规模动物迁移监测、药品销售异常监测、食品贸易监测等体系，实现早发现、早处置。

 疫苗研发要经历几个阶段？

疫苗按照药品中的生物制品进行管理，研发需要经过实验室研制、临床前研究、临床研究三个阶段，其中临床研究又分为I、II、III期，II、III期临床研究在随机、双盲、安慰剂对照（或对照苗）的状态下进行。I 期临床试验主要评估疫苗的安全性，一般只有几十名受试者参与；II 期临床试验初步评估疫苗的有效性，确定剂型、剂量、免疫程序及途径，一般有几百名受试者参与；III 期临床试验评估则通过较大规模人群试种，进一步验证疫苗的保护效果和安全性。

III 期临床试验结束，获得预期保护效果和安全性，才能向国家药品监督管理局药审中心申报注册上市。

> **❯ 延伸阅读　新冠病毒灭活疫苗是如何研发生产的？**
>
> 新冠病毒灭活疫苗的研发涉及病毒分离、毒种选育、适应性传代、毒种检定、病毒灭活等方面，其中所有活病毒的处理，需要高等级的生物安全防护。在灭活疫苗的研究阶段，需要在生物安全三级实验室内进行病毒的筛选、培养等。在灭活疫苗的生产阶段，需要在高生物安全风险车间内进行生产。

新冠病毒灭活疫苗生产车间实访

33 什么是重大新发突发传染病疫苗紧急接种？

《中华人民共和国疫苗管理法》第二十条规定，出现特别重大突发公共卫生事件或者其他严重威胁公众健康的紧急事件，国务院卫生健康主管部门根据传染病预防、控制需要提出紧急使用疫苗的建议，经国务院药品监督管理部门组织论证同意后可以在一定范围和期限内紧急使用。

紧急使用（试用）限于暴露风险高，且无法使用现行有效的防护措施实施防护的特定人群；对紧急使用疫苗的人群，仍不可掉以轻心，其他防护措施和手段不降低。

》延伸阅读　新冠疫苗紧急接种

新冠肺炎疫情发生后，我国加紧进行相关疫苗的研发和应用。2020年6月24日，国家审批通过《新型冠状病毒疫苗紧急使用（试用）方案》，批准2个疫苗用于紧急使用，并于7月22日正式启动了新冠病毒疫苗的紧急使用。当时主要是申请在医务人员、防疫人员、边检人员以及保障城市基本运行人员等特殊人群中紧急使用，目的是先在这些职业暴露风险最大的特殊人群中建立起免疫屏障，满足疫情防控和城市运行保障的基本要求。

34　什么是重大新发突发传染病、动植物疫情联防联控机制？

生物安全法第三十条规定，国家建立重大新发突发传染病、动植物疫情联防联控机制。

发生重大新发突发传染病、动植物疫情，应当依照有关法律法规和应急预案的规定及时采取控制措施；国务院卫生健康、农业农村、林业草原主管部门应当立即组织疫情会商研判，将会商研判结论向中央国家安全领导机构和国务院报告，并通报国家生物安全工作协调机制其他成员单位和国务院其他有关部门。

发生重大新发突发传染病、动植物疫情，地方各级人民政府统一履行本行政区域内疫情防控职责，加强组织领导，开展群防群控、医疗救治，动员和鼓励社会力量依法有序参与疫情防控工作。

35 为什么要建立传染病、动植物疫情防控国际合作网络？

传染病最重要的特点之一是传播无疆界，日趋国际化。一个国家或地区的传染病突发事件，往往演变为世界性的重大事件，引起全球关注。在全球化日益发展时代，传染病和动植物疫情跨国传播的几率和速度大大增加，任何一个国家在传染病防控方面都不可能独善其身、置身事外，唯有国家间"集体一致行动"，通过建立疫情防控国际合作网络，阵线前移，在全球层面上协同作战，才能尽早发现、控制重大新发突发传染病、动植物疫情，抵御公共卫生危机。

国家加强国境、口岸传染病和动植物疫情联合防控能力建设，建立传染病、动植物疫情防控国际合作网络，有助于尽早发现、控制重大新发突发传染病、动植物疫情；有助于加强生物安全领域的国际合作，履行中华人民共和国缔结或者参加的国际条约规定的义务，支持参与生物科技交流合作与生物安全事件国际救援，积极参与生物安全国际规则的研究与制定，推动完善全球生物安全治理。

中国东盟动植物疫病疫情防控平台建设启动

36 什么是重大新发突发动物疫情?

重大新发突发动物疫情,是指我国境内首次发生或者已经宣布消灭的动物疫病再次发生,或者发病率、死亡率较高的潜伏动物疫病突然发生并迅速传播,给养殖业生产安全造成严重威胁、危害,以及可能对公众健康和生命安全造成危害的情形。

> **延伸阅读** 什么是动物疫病?
>
> 动物疫病,即动物传染病。研究表明,70%的动物疫病可以传染给人类,75%的人类新发传染病来源于动物。根据《中华人民共和国动物防疫法》规定,按照动物疫病对养殖业生产和人类健康的危害程度,目前将纳入管理的动物疫病分为三类:一类动物疫病危害程度最高,包括非洲猪瘟、高致病性禽流感等17种;二类动物疫病次之,包括布鲁氏菌病、狂犬病等77种;三类动物疫病危害较轻,包括大肠杆菌病、李氏杆菌病等63种。

37 动物疫情会对社会经济和人类健康造成哪些危害？

动物疫情，轻者会影响动物发育和生产性能，对养殖业生产造成不利影响；重者如高致病性禽流感、非洲猪瘟等重大动物疫病，会造成动物的大量感染和死亡，给畜牧业造成严重打击，阻碍动物和动物产品国际贸易，影响社会经济发展；人兽共患病疫情还会造成人的感染和死亡，威胁公共卫生安全，影响社会稳定。加强动物疫病防控，对于促进养殖业发展，维护生物安全和公共卫生安全，保护人群健康具有重要意义。

农业农村部：重大动物疫情防控形势严峻

38 什么是野生动物疫源疫病监测防控？

　　野生动物疫源疫病监测防控是调查疫源野生动物活动规律，掌握野生动物携带病原体本底，发现、报告野生动物感染疫病情况，研究、评估疫病发生、传播、扩散风险，分析、预测疫病流行趋势，提出监测防控和应急处理措施建议，预防、控制和扑灭陆生野生动物疫情等系列活动的总称。

> **❯ 延伸阅读** 我国野生动物疫源疫病监测防控的多部门合作

　　目前，我国野生动物疫源疫病监测防控、动物疫病防控、人传染病防治分别归属林业草原、农业农村和卫生健康部门管理，实行政府统一领导、部门各司其责，在分工前提下开展联防联控，三者是既合作又分工的关系，整体构成人类、家养动物、野生动物疾病预防控制分头负责、职责明确的全环节链条，共同保障国家生物安全和公共卫生安全。

39 我国是如何开展野生动物疫源疫病监测的？

陆生野生动物疫源疫病监测实行全面监测、突出重点的原则，并采取日常监测和专项监测相结合的工作制度。

日常监测是指以野外线路巡查、定点观测等方式，了解野生动物种群数量和活动状况，掌握野生动物异常情况，并对是否发生野生动物疫病提出初步判断意见。

专项监测是指根据疫情防控形势需要，针对特定的野生动物疫源种类、特定的野生动物疫病、特定的重点区域进行巡护、观测和检测，掌握特定野生动物疫源疫病动态变化情况，提出专项防控建议。自2010年以来，我国在全国范围内的重点候鸟越冬地、繁殖地和栖息停息地开展了以禽流感、新城疫为主的预警工作，在岩羊、野猪的重点分布区开展了小反刍兽疫和非洲猪瘟的预警工作。

40 如何从生物安全的角度理解野生动物保护？

野生动物是生态系统的重要组成部分，维系着生态系统能量和物质循环，同时也是移动的"病原库"，是诸多人兽共患传染病的潜在源头和传播节点。野生动物与野生动物之间、野生动物与人类之间、野生动物与家畜家禽之间疫病的相互传播，不仅威胁野生动物的生存，同时也危及人类的生命安全和畜牧业的健康发展。

> **❯ 延伸阅读** **如何保护野生动物？**
>
> 定期组织开展野生动物及其栖息地状况调查、监测和评估，建立健全野生动物及其栖息地档案；

保护野生动物及其重要栖息地，恢复和改善野生动物生存环境。制定有关野生动物遗传资源保护和利用规划，建立国家野生动物遗传资源基因库，对原产于我国的珍贵、濒危野生动物遗传资源实行重点保护。

（来源：中国健康教育中心）

什么是重大新发突发植物疫情?

重大新发突发植物疫情是指我国境内首次发生或者已经宣布消灭的严重危害植物的真菌、细菌、病毒、昆虫、线虫、杂草、害鼠、软体动物等再次引发病虫害，或者本地有害生物突然大范围发生并迅速传播，对农作物、林木等植物造成严重危害的情形。

> **❯ 延伸阅读** 世界第一大虫灾——蝗灾
>
> 蝗虫是国际上第一大害虫，在世界范围内分布广泛。大量蝗虫吞食禾田，使农作物完全遭到破坏，引发严重的经济损失甚至饥荒，由蝗虫引发的灾害被公认为世界第一大虫灾。2020年2月，非洲暴发了70年来最严重的蝗灾，数千亿只蝗虫肆虐索马里、埃塞俄比亚、乌干达、肯尼亚等国；此后，蝗虫飞过红海蔓延至伊朗、巴基斯坦、印度等西南亚国家，

受灾人数超过千万，对当地粮食安全和民众生计构成前所未有的威胁。

非洲蝗灾（图片来源：人民视觉）

植物疫情对我国粮食安全有哪些影响？

各种农作物、果树、林木等植物，也都像人类一样会遭受各种病害、虫害、鼠害和草害的严重危害。我们把国家明确规定的植物检疫性有害生物的发生叫作植物疫情。植物疫情可对我们赖以生存的粮食、蔬菜、果树和生态环境造成极其严重的危害，不仅会直接导致农、林业等经济损失，还会危害生态系统，严重影响国际贸易、人类健康和国家安全。

延伸阅读 你知道梨火疫病吗?

　　梨火疫病是由梨火疫欧文氏杆菌侵染所引起的、发生在梨上的病害，是梨树的一种毁灭性病害。主要危害花、果实和叶片，受害后很快变黑褐色枯萎，犹如火烧一般，但仍挂在树上不落，故此得名。梨火疫病于1780年在美国纽约州和哈德逊河高地第一次被发现，随着经济的全球化发展，人为传播到世界各国；至1999年，梨火疫病分布在美洲、欧洲大陆、地中海沿岸以及大洋洲的40个国家。在北美和欧洲的许多疫区，对其流行与危害已经难以控制。我国河北、北京、天津、河南、新疆等地有梨火疫病发生，2020年被农业农村部列为国家一类农作物病虫害。

梨火疫病危害状（张润志摄）

43 什么是生物技术?

　　生物技术，也称生物工程或生物工艺，是将生物化学、分子生物学、微生物学和化学工程等应用于工业生产过程（包括医药卫生、能源、农业等产品）及环境保护的技术。简单来讲，生物技术是一种对生物或生物的成分进行改造或利用的技术。生物技术包括传统生物技术和现代生物技术。

相关知识　传统生物技术与现代生物技术

　　传统生物技术包括酿造、酶的使用、抗菌素发酵、味精和氨基酸工业等，被广泛应用于生产多种食品如面包、奶酪、啤酒、葡萄酒以及酱油、米酒和发酵乳制品。

　　现代生物技术也称生物工程，是在分子生物学、生物化学、生化工程、微生物学、细胞生物学和电子计算机技术基础上建立，创建新的生物类型或新生物机能的实用技术。

44　现代生物技术的发展经历了哪些阶段？

　　现代生物技术的发展主要经历了7个阶段：①创建发酵原理；②发明纯种培养技术；③发现酶及其催化功能；④建立深层通气培养技术；⑤体外基因重组技术；⑥固定化酶和固定化细胞技术；⑦建立细胞和原生质体融合技术。从目前发展来看，主要包括发酵工程、酶工程、基因工程和细胞工程 4 个分支。

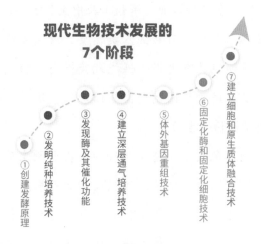

现代生物技术发展的 7个阶段

① 创建发酵原理
② 发明纯种培养技术
③ 发现酶及其催化功能
④ 建立深层通气培养技术
⑤ 体外基因重组技术
⑥ 固定化酶和固定化细胞技术
⑦ 建立细胞和原生质体融合技术

（来源：中国健康教育中心）

> ❯ **相关知识**　**现代生物技术的 4 个分支**

发酵工程技术是在人工控制的条件下，通过微生物的生命活动来获得人们所需物质的技术过程，主要应用于食品发酵工业、制药工业及基础化工产业等。

酶工程技术是将生物体内具有特定催化作用的酶类或细胞、细胞器分离出来，在体外借助工业手段和生物反应器进行催化反应来生产某种产品的工程技术，在食品加工业、医药工业中至关重要。

基因工程技术可按照人类需要，改变细胞遗传结构，使细胞具有更强的性能或获得全新功能的技术，主要应用于基因制药、基因诊断、基因克隆及转基因动植物等方面。

细胞工程技术是将生物细胞或去壁原生质体在离体条件下培养、繁殖，按照人们的意志改变其某些特性，从而达到改良生物品种或创造新物种的目的，主要应用于生产单克隆抗体、研制基因工程动物、组织工程及细胞治疗等。

发酵工程、酶工程、基因工程和细胞工程技术相互间有着密切的关系。

45　生物技术给日常生活带来哪些好处？

医药领域：利用现代生物技术产生的先进诊疗技术，如生物标志物、靶向药物、基因编辑技术、单克隆抗体技术等，可以更好地实现精准医疗。

食品领域：应用生物技术改善与改良食品质量和食品附加值以及食品原材料利用率，如提高食品中蛋白质的含量，调节食品中各种酶的比例，增强食品中的营养价值成分等。生物技术还可解决食品的防腐问题，增加食品添加剂的种类，推动食品加工技术的发展。

农业领域：生物技术育种效率高，通过细胞工程育种、基因工程育种、单倍体育种等生物技术，可以在短时间内培育出高产、优质、抗虫的农业新品种。

环境领域：生物技术在水质质量改进、水资源净化、弃物降解处理、土壤修复、白色污染治理等方面起到了重要的作用。

> **⟩ 延伸阅读　杂交水稻的研发和推广**
>
> 中国是世界上第一个成功研发和推广杂交水稻的国家。近年来，我国育种技术推陈出新，与分子生物学、遗传学融合不断加深，对提高水稻产量、稻米品质、综合抗性、肥料利用率等方面产生积极影响。2020年11月2日，在湖南省衡阳市衡南县清

竹村进行的袁隆平领衔的杂交水稻双季测产达到了亩产 1530.76 公斤。中国在让全球 1/5 人口吃得饱、吃得好的同时，还为全世界提供了解决粮食短缺的中国技术。

46 生物技术研究会影响国家安全吗？

生物技术的研究在防控重大新发突发传染病、保护人类遗传资源以及防范生物恐怖与生物武器威胁等领域发挥重要作用。但是，生物技术能够通过修改生命体"自我复制"和"自然选择"两种属性来实现人类目标，一旦误用或谬用，将对国民健康和国家安全造成难以想象的破坏。此外，生物技术研究还会影响粮食生产、经济作物种植、外来物种入侵诸多相关领域安全，亦直接关系到我国的经济发展和国家安全。

为什么说生物技术是一把 "双刃剑"?

生物技术是一把"双刃剑",它的繁荣发展既能造福人类,又极有可能给人类带来灾难。近几十年来生物技术在生命科学领域取得了一系列重大进展,在医药卫生、农业、工业及环保等各个领域发挥了重要作用。然而生物技术在造福人类的同时也带来了一些负面效应。如果生物技术被谬用或误用,则可能产生新的更具危险性的生物制剂或毒素,甚至新的生物体,给人类健康和社会发展带来巨大威胁。

国家对生物技术研究开发活动 如何分类?

生物安全法第三十六条规定,国家对生物技术研究、开发活动实行分类管理。根据对公众健康、工业农业、生态环境等造成危害的风险程度，将生物技术研究、开发活动分为高风险、中风险、低风险三类。

高风险是指生物技术研究开发活动及其产品和服务，具有对人类健康、工农业及生态环境等造成严重负面影响，威胁国家生物安全，违反伦理道德的潜在风险。

中风险是指生物技术研究开发活动及其产品和服务，具有对人类健康、工农业及生态环境等造成一定负面影响的潜在风险。

低风险是指生物技术研究开发活动及其产品和服务，对人类健康、工农业及生态环境等不造成或者造成较小负面影响。

49 国家对生物技术研究、开发与应用有哪些规定？

我国在鼓励和发展生物技术研究的同时，以严格的法律条款防止生物技术研究的误用、谬用。

宪法第二十条规定："国家发展自然科学和社会科学事业，普及科学和技术知识，奖励科学研究成果和技术发明创造。"国家以宪法之名义鼓励和倡导科技创造，其中包括发展生物技术研究及应用。

依照刑法修正案（十一）规定，非法采集我国人类遗传资源或者非法运送、邮寄、携带我国人类遗传资源材料出境，以及将基因编辑、克隆的人类胚胎植入人体或者动物体内，或者将基因编辑、克隆的动物胚胎植入人体内等行为已写入刑法分则，谬用生物技术研究及应用的行为均以犯罪论处。

生物安全法详细规定了从事生物技术研究、开发与应用活动的伦理原则、过程管理、风险防控等方面，为进行生物技术应用活动跟踪评估提供了法律保障。

此外，国务院以及相关职能部门也将修订或出台涉及生物技术研究及应用有关规定的行政法规、部门规章。

为什么要对生物技术研究、开发与应用进行管控？

　　世界范围内生物技术快速发展，在给人类带来巨大利益的同时，也带来了诸多安全风险，生物技术研究开发安全管理已成为国际社会和各主要国家关注的焦点。我国高度重视生物技术发展，在生物技术研发方面给予大力支持，并促进生物医药产业的快速发展；同时，我国政府也高度重视生物技术研究开发和应用治理。为促进和保障我国生物技术研究开发活动健康有序开展，维护国家生物安全，应该对生物技术研究、开发与应用进行管控。

> **❯ 延伸阅读**　我国对人类辅助生殖技术的应用有哪些规定？

　　2003年科技部、卫生部联合发布了《人胚胎干细胞研究伦理指导原则》，同年制定《人类辅助生殖技术规范》和《人类辅助生殖技术和人类精子库伦理原则》，明确"利用体外受精、体细胞核移植、单性复制技术或遗传修饰获得的囊胚，其体外培养期限自受精或核移植开始不得超过 14 天"；严禁把用于研究的人囊胚植入人或任何其他动物的生殖系统；辅助生殖技术工作人员禁止对人类配子、合子和胚胎进行以生殖为目的的基因操作。

刑法修正案（十一）规定：将基因编辑、克隆的人类胚胎植入人体或者动物体内，或者将基因编辑、克隆的动物胚胎植入人体内，情节严重的，处三年以下有期徒刑或者拘役，并处罚金；情节特别严重的，处三年以上七年以下有期徒刑，并处罚金。

哪些生物材料和生物技术的出口需要审批管制？

2002 年 10 月 14 日国务院颁布的《中华人民共

和国生物两用品及相关设备和技术出口管制条例》，以及商务部、海关总署2016年联合发布的《两用物项和技术进出口许可证管理目录》明确规定了需要审批管制的生物材料和生物技术。

列入审批管制的生物材料包括52种人及人兽共患病原微生物、18种动物病原微生物、13种植物病原微生物、19种生物毒素，以及它们的遗传物质如染色体、基因组、质粒、载体、转座子和包括上述管制生物剂的各种生物材料如细胞、组织、血清、实验动物等。

列入出口审批管制的相关生物技术5个是指在生物制品的研发、生产或使用过程中所需的专门知识，尤其是具有自主知识产权的生物技术，包括技术资料、技术援助等形式，但不包括在公共领域内的知识，或基础科学研究或普通专利申请所必需的知识。

上述生物材料（不包括疫苗、抗体、免疫毒素等生物制品）和生物技术出境时，需要通过各省（自治区、直辖市）商务部门报送国家商务部进行评估审批。商务部组织领域专家评估同意后，方可出境及出口。

为什么个人不得购买或者持有列入管控清单的重要设备或特殊生物因子？

生物安全法明确规定，个人不得购买或者持有列入管控清单的重要设备和特殊生物因子，主要目的是防止恐怖、极端分子利用相关设备和特殊生物因子研究制作生物武器及生物恐怖剂，制造生物恐怖袭击事件，威胁人民群众生命安全、破坏经济建设和社会稳定。

▶ 相关知识 列入管控清单的重要设备和特殊生物因子指什么？

生物安全法中提到的重要设备，如发酵罐、制备型离心机等，既可用于疫苗、生物制品等研发及生产，又可进行生物战剂及生物武器的研发制造；特殊生物因子主要是指能用来研发生物武器的潜在生物战剂及生物恐怖剂。为此，国务院及相关部门制定了两用生物物项管制清单和特殊生物因子管制清单。

53 什么是生物技术滥用？

生物技术在不合理的应用过程中对环境、社会及人类造成严重后果的情况被称为生物技术的误用或滥用。

❯ 延伸阅读 "基因编辑婴儿"事件

2018年11月26日，南方科技大学副教授贺建奎宣布一对名为露露和娜娜的基因编辑婴儿于11月在中国健康诞生，由于这对双胞胎的一个基因（CCR5）经过修改，她们出生后即能天然抵抗艾滋病病毒。消息一出，有逾百名科学家联名发声，坚决反对、强烈谴责人体胚胎基因编辑。当晚，中国和世界多个国家的科学家陆续发声，对贺建奎所做的实验进行谴责，或者表达保留意见。反对理由主要有：一是艾滋病的防范已有多种成熟办法，而此次基因修改使两个孩子面临巨大的不确定性；二是此次实验使人类面临风险，因为被修改的基因可能通过两个孩子最终融入人类的基因池；三是此次实验粗暴突破了科学应有的伦理程序，在伦理上无法接受。

基因编辑的风险

54 生物技术在新冠肺炎疫情防控中发挥了什么作用？

在新冠肺炎疫情防控中，现代生物技术发挥了不可或缺的关键作用。

首先，开发了包括新冠病毒核酸检测技术、新冠肺炎抗体检测技术和以基因测序技术为基础的新冠病5个毒溯源技术，并应用在病毒的大规模快速检测、病毒溯源和变异分析、流行地区免疫水平调查等方面。

其次，世界各国先后利用大规模细胞培养技术、合成生物学技术、基因工程技术，蛋白质人工表达和纯化技术开发了传统灭活疫苗、腺病毒载体疫苗、重组蛋白疫苗、核酸疫苗和减毒流感病毒载体疫苗，为有效应对疫情提供了强大武器。

再次，积极开发新型抗病毒药物治疗技术，应用蛋白质结构的分子计算和立体构象模拟技术，定向设计靶向药物，已部分紧急应用了传统抗病毒药物、抗体血清治疗技术和新型抗体药物。

> **延伸阅读** 生物技术助力我国疫情防控

我国利用现代生物技术，快速分离新冠病毒，获得病毒的全基因序列并向世界公布，研制了第一款用于病毒快速检测的核酸检测试剂盒，为科学防控疫情奠定坚实的基础，得到世界卫生组织的高度肯定。

55 什么是实验室生物安全?

实验室生物安全是指实验室的生物安全条件和状态不低于容许水平，可避免实验室人员、来访人员、社区及环境受到不可接受的损害，符合相关法规、标准等对实验室生物安全责任的要求。实验室生物安全的目标是通过有效的措施实现保护人员、保护样本、保护环境。

为规范我国实验室生物安全管理工作，2004 年 11 月 12 日，国务院颁布了《病原微生物实验室生物安全管理条例》（国务院令第 424 号）。

56 目前我国对病原微生物如何分类?

病原微生物是指可以侵犯人和动物，引起感染甚至传染病的微生物，包括病毒、细菌、真菌、立克次体、寄生虫等。

2004年，国务院颁布《病原微生物实验室生物安全管理条例》。根据病原微生物的传染性、感染后对个体或者群体的危害程度，我国对病原微生物实行分类管理。病原微生物分为以下四类。

第一类病原微生物，是指能够引起人类或者动物非常严重疾病的微生物，以及我国尚未发现或者已经宣布消灭的微生物。例如，天花病毒、埃博拉病毒。

第二类病原微生物，是指能够引起人类或者动物严重疾病，比较容易直接或者间接在人与人、动物与人、动物与动物间传播的微生物。例如，高致病性禽流感病毒、艾滋病毒、炭疽芽孢杆菌、结核分枝杆菌。

第三类病原微生物，是指能够引起人类或者动物疾病，但一般情况下对人、动物或者环境不构成严重危害，传播风险有限，实验室感染后很少引起严重疾病，并且具备有效治疗和预防措施的微生物。例如，肠道病毒、麻疹病毒、肺炎支原体、肉毒梭菌。

第四类病原微生物，是指在通常情况下不会引起人类或者动物疾病的微生物。例如，实验室使用的用于基因克隆的大肠埃希菌 K12 株。

第一类、第二类病原微生物统称为高致病性病原微生物。

57 人间传染的病原微生物有哪些？

人间传染的病原微生物包含病毒、朊病毒、细菌、放线菌、衣原体、支原体、立克次体、螺旋体、真菌等。2006 年 1 月卫生部发布了《人间传染的病原微生物名录》，其中包括病毒 160 种，朊病毒 6 种，细菌、放线菌、衣原体、支原体、立克次体、螺旋体 155 种，真菌 59 种。

《人间传染的病原微生物名录》中病原类别汇总表

	一类	二类	三类	四类	总计
病毒	29	51	74	6	160
朊病毒	/	5	1	/	6
细菌、放线菌、衣原体、支原体、立克次体、螺旋体	/	10	145	/	155
真菌	/	4	55	/	59

❷ 相关知识　动物病原微生物分类名录

　　2005年5月农业部颁布了《动物病原微生物分类名录》，将动物病原微生物分为四类，其中一类动物病原微生物10种，如口蹄疫病毒、非洲猪瘟病毒等；二类动物病原微生物8种，如狂犬病病毒、蓝舌病病毒等；三类动物病原微生物包括多种动物共患病病原微生物、牛病病原微生物、绵羊和山羊病病原微生物、猪病病原微生物、马病病原微生物、禽病病原微生物、兔病病原微生物、水生动物病病原微生物、蜜蜂病病原微生物、其他动物病病原微生物等。四类动物病原微生物是指危险性小、致病力低、实验室感染机会少的兽用生物制品、疫苗生产用的各种弱毒病原微生物以及不属于第一、二、三类的各种低毒力的病原微生物。

58 什么是生物安全实验室？

生物安全实验室是指通过防护屏障和管理措施，达到生物安全要求的病原微生物实验室。生物安全实验室不仅是进行科学研究的平台，也是传染病防控、保护公共健康的重要组成部分，更是应对生物威胁、保障国家安全的需要。生物安全实验室的建设消除了不利安全的设计；实验室的设计参数，如净化、节能

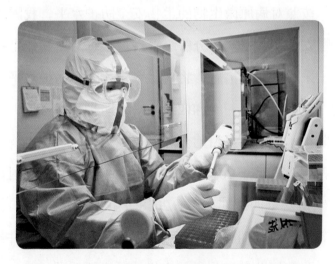

研究人员在生物安全三级实验室进行病毒样本分装操作

等均服从安全的要求。实验室建造在保证安全的前提下，设计辅助区、防护区和核心区相对隔离，同时考虑实验活动过程中合理方便。实验室选用符合工作安全要求的生物安全柜、空气过滤装置和压力蒸汽灭菌器等关键防护设备。

59 生物安全实验室如何分级？

按照对病原微生物的生物安全防护水平，我国对生物安全实验室实行分等级管理。根据对所操作生物因子采取的防护措施，将实验室生物安全防护水平分为一级、二级、三级和四级，一级防护水平最低，四级防护水平最高。目前全球仅有少数国家拥有生物安全四级实验室。2015年，我国在武汉建成了中国首个生物安全四级实验室，2018年正式投入运行，标志着我国正式拥有了研究和利用烈性病原体的硬件条件，为我国公共卫生科技支撑体系再添重器。

生物安全实验室的分级

实验室分级	适用条件
一级	适用于操作在通常情况下不会引起人类或者动物疾病的微生物。
二级	适用于操作能够引起人类或者动物疾病，但一般情况下对人、动物或者环境不构成严重危害，传播风险有限，实验室感染后很少引起严重疾病，并且具备有效治疗和预防措施的微生物。
三级	适用于操作能够引起人类或者动物严重疾病，比较容易直接或者间接在人与人、动物与人、动物与动物间传播的微生物。
四级	适用于操作能够引起人类或者动物非常严重疾病的微生物，以及我国尚未发现或者已经宣布消灭的微生物。

中国首个生物安全四级实验室正式运行

❯ 相关知识　**新型冠状病毒的实验操作需要在哪级实验室进行？**

2020 年 7 月，国家卫生健康委发布的《国家卫生健康委办公厅关于在新冠肺炎疫情常态化防控中进一步加强实验室生物安全监督管理的通知》要求，新冠病毒培养、动物感染实验应当在生物安全三级及以上实验室开展；未经培养的感染性材料的操作应当在生物安全二级及以上实验室进行，同时采用不低于生物安全三级实验室的个人防护；灭活材料的操作应当在生物安全二级及以上实验室进行；不涉及感染性材料的操作，可以在生物安全一级实验室进行。

 如何保障生物安全实验室的安全?

生物安全实验室是基于屏障原理、过滤原理和消毒灭菌原理等设计建造的实验室。

屏障原理是指通过物理屏蔽作用将病原微生物及实验室活动限制在一定空间范围内，避免病原微生物暴露于开放的环境中并扩散至周围环境；操作人员穿戴个人防护装备，避免与病原微生物直接接触。

过滤原理是指实验活动中产生的气溶胶、飞沫等可能污染实验室空气，通过生物安全柜和实验室的高效空气过滤器（high efficiency particulate air filter，HEPA）对实验室和生物安全柜的空气进行过滤，可阻止病原微生物经空气释放。

消毒灭菌原理是指实验活动过程中，会产生气溶胶、感染性废物等，气溶胶等可能污染实验室的表面，故实验结束后，需对实验台、仪器等表面进行擦拭消毒；感染性废物在移出实验室之前需通过化学消毒剂或压力蒸汽灭菌等手段进行可靠的消毒或灭菌。

61 生物安全实验室常用的个体防护装备有哪些？

实验室个体防护装备是防止人员个体受到生物性、化学性或物理性等危险因子伤害的器材和用品。进入实验室的人员应穿戴与生物安全实验室防护水平相对应的个体防护装备，以保护自身免受伤害。

实验室个体防护装备按照身体部位分为呼吸防

护、眼面部防护、躯干四肢防护、手部足部防护。常用的个体防护装备有医用外科口罩、医用防护口罩、眼罩、防护面屏、一次性隔离衣、医用一次性防护服、一次性手套、靴套、鞋套等。

 相关知识 **实验室人员个体防护**

　　进入实验室前，实验室人员需要严格按照操作规程正确穿戴个人防护装备，并且检查防护装备有无破损。对于手套和口罩，还需要在使用前检查装备的气密性，以判断个人防护装备是否完好，也可以通过适配度测试来判断装备与个体的佩戴适合度。

62 实验室废弃物是如何处理的？

　　实验室废弃物按照形态，可分为废气、废液和固体废物；按照性质，可分为感染性废物（如含有病原体的培养基）、病理性废物（如实验动物的组织和尸体)、损伤性废物(如针头、注射器)、药物性废物(如废弃的细胞毒性药物和遗传毒性药物)和化学性废物(如废弃的化学消毒剂)。实验室废弃物应进行分类收集、暂存和处置。处理实验室废弃物的人员应当经过培训,并应穿戴适当的个体防护装备。含活性高致病性生物因子的废物应在实验室内消毒灭菌后才能移出实验室。实验室产生的废弃物应放置在满足国家要求的专用的包装容器内,并有相应的警示标识,如下图:

医疗废物专门容器及标识

 如何保障高致病性病原微生物菌(毒)种或样本的运输安全?

高致病性病原微生物菌(毒)种或样本的运输,

其目的、用途和接收单位应符合国务院卫生主管部门或者兽医主管部门的规定；运输容器应当密封，容器或者包装材料还应当符合防水、防破损、防外泄、耐高（低）温、耐高压的要求；运输须经过省级及以上人民政府卫生主管部门或者兽医主管部门批准。运输过程中应由不少于2人的专人护送，护送人员应接受相关的生物安全知识培训，并在护送过程中采取相应的防护措施。不得通过公共电（汽）车和城市铁路运输病原微生物菌（毒）种或者样本。承运单位应当与护送人共同采取措施，确保所运输的高致病性病原微生物菌（毒）种或者样本的安全，严防发生被盗、被抢、丢失、泄漏事件。如果在运输中发生被盗、被抢、丢失、泄漏的，承运单位、护送人应当采取必要的控制措施，并在2小时内进行报告。

❯ 相关知识 高致病性病原微生物菌（毒）种或样本的运输包装要求

高致病性病原微生物菌（毒）种或样本属于感染性物质。按照国际和我国的相关要求，感染性物质分为 A、B 两类，运输时均应采用三层包装系统的合格的包装，包装应达到国际民航组织《危险物品航空安全运输技术细则》中包装说明 PI620 和 PI650 的要求。包装须经过第三方专业机构检测合格方可使用。

64　什么是人类遗传资源和生物资源？

人类遗传资源包括人类遗传资源材料和人类遗传资源信息。人类遗传资源材料是指含有人体基因组、基因等遗传物质的器官、组织、细胞等遗传材料。临床和研究常用的检查标本，如血液、病理组织都属于此范畴；人类遗传资源信息是指利用人类遗传资源材料产生的数据等信息资料。

狭义的生物资源是指当前人类已知的有利用价值的生物材料，包括动物、植物、微生物和病毒等资源。广义的生物资源是指对人类具有实际或潜在用途或价值的动物、植物、微生物有机体以及由它们所组成的生物群体及生态系统。

《中华人民共和国人类遗传资源管理条例》公布

 如何理解人类遗传资源与生物资源安全的重要性？

人类遗传资源是涉及国家安全的重要战略资源，对认识生命本质、探索疾病发生发展的原理和机制、研发疾病预防干预策略、促进人口健康具有重要意义，特别是对于我国这样一个多民族的人口大国，具有独特的人类遗传资源优势。

生物资源是人类赖以生存和发展的基础，是一个国家、一个民族重要的战略资源，也是有效保证生物安全和生物多样性的重要资源，关系到国家的主权和安全。生物资源的安全保护和利用是一项涉及国家经济社会可持续发展的基础性、长期性的工作。

66 人类遗传资源的监管范畴有哪些?

为有效保护我国人类遗传资源，国家加大保护力度，开展人类遗传资源调查，对重要遗传家系和特定地区人类遗传资源实行申报登记制度。根据相关规定，采集、保藏、利用、对外提供我国人类遗传资源，开展科学研究、发展生物医学产业、提高诊疗技术等，应当依照《中华人民共和国人类遗传资源管理条例》的有关规定执行。具体包括：

不得危害我国公众健康、国家安全和社会公共利益。

应当符合伦理原则，并按照国家有关规定进行伦理审查；应当尊重人类遗传资源提供者的隐私权，取得其事先知情同意，并保护其合法权益；应当遵守国务院科学技术行政部门制定的技术规范。

禁止买卖人类遗传资源。

外国组织、个人及其设立或者实际控制的机构不得在我国境内采集、保藏我国人类遗传资源，不得向境外提供我国人类遗传资源。

为临床诊疗、采供血服务、查处违法犯罪、兴奋剂检测和殡葬等活动需要，采集、保藏器官、组织、细胞等人体物质及开展相关活动，不属于此条例调整范畴，依照其他相关法律、行政法规规定执行。

67 人类遗传资源有哪些应用价值？

目前已发现有很多疾病与遗传因素相关，除了21三体综合征、地中海贫血、白化病、唇腭裂等我们熟知的遗传病外，像高血压、糖尿病、骨质疏松、抑郁症等常见病也与遗传因素密切相关。为了预防、诊断、治疗遗传病，医学工作者需要对相关人类遗传资源进行收集、整理、筛选、分析和验证。通过对遗传性疾病的研究，为优生优育、健康管理提供科学依据。

目前，全国已建成或在建中华民族、重大疾病、生殖遗传、特殊人群、干细胞等各类标准化、规范化的人类遗传资源保藏基础平台和大数据中心，服务于科研、技术转化和公众健康。

人类遗传资源是无价之宝，我国人口基数大、民族多、疾病类型多、家系多，具有丰富的人类遗传资源。无论是促进科学研究、守护公众健康，还是维护国家安全和社会公共利益，人类遗传资源都是一个巨大的宝藏。

68 什么是外来入侵物种？

外来入侵物种是指对生态系统、环境、物种、遗传多样性等带来威胁或危害的非本地物种，经自然或人为的途径从境外传入，在新的生态系统中形成了自我再生能力，可能或者已经对当地农林业和生态环境造成危害或不利影响。

❯ 相关知识　外来物种都是有害的吗？

　　"外来"是相对于一个生态系统而言，而不是以国界来区分。正确引进外来物种可以提高经济收益、丰富人们的物质生活，实现食用、药用、观赏、环保等目的，如我们现在吃的玉米、西红柿、土豆、胡萝卜、洋葱、西葫芦等都是我国早期从美洲、西亚、欧洲等地引入的外来物种，如今已成为人们生活中必不可少的粮食和果蔬。相反，有些外来物种却具有较强的破坏性，不仅会影响当地生物多样性，破坏生态系统，导致本地物种死亡和濒危；还会使农林产品产值和品质下降，造成巨大经济损失；有些甚至还会影响人和家畜的健康，如红火蚁、豚草、垂序商陆等。

69　外来物种入侵途径有哪些？

　　外来物种通过自然或人为两种途径入侵。

　　自然途径指外来物种通过风力、水流或由昆虫、鸟类的携带发生自然迁移而引入，如麝鼠是从苏联沿着伊犁河、塔克斯河、额尔齐斯河以及黑龙江流域自然扩散入侵我国的。

　　人为途径又分为两种类型：有意引种和无意引种。有意引种指人类有目的地将某个物种转移到其自然分布范围及扩散潜力以外的区域，我国一半以上的外来物种都是有意引入的，主要是作为牧草、饲料、观赏植物、药用植物、食用或经济物种、宠物引种、水产养殖品种、环境治理等目的引入，如马缨丹、加拿大一枝黄花、福寿螺、克氏原螯虾（小龙虾）等。无意引种是指某个物种以人类或人类传送系统为媒介，扩散到其自然分布范围以外的地方，从而形成非有意的引入，主要是随着货物及其包装、集装箱、船舶压舱水、交通工具、入境旅客携带、寄递物等进入，也有极少量是由于观赏或饲养动物（宠物）逃逸、走私以及放生等造成。

❯ 相关知识 国际交通运输已成为我国外来

物种入侵的主要途径

入境旅客携带物、寄递物等非贸渠道已成为我国外来物种入侵的重要途径。近年来，随着国际贸易的不断增加，对外交流的不断扩大，跨境电子商务的快速发展，外来入侵生物通过旅客携带物、寄递物等途径传入我国的风险不断加大。特别是一些不法分子以衣物、玩具为名，伪报、瞒报夹带外来物种进境，作为"异宠"销售，极可能导致外来物种传入、扩散。海关严格口岸检疫，加大打击走私行为力度，不断织密织牢国门防护网。据统计，2020年我国海关从非贸渠道截获外来物种1258种、4270批，有效防范外来物种入侵，保障我国生态环境安全。对首次发现入侵物种的地点进行分析发现，3/4的入侵物种首发地点为沿海地区，1/5为边疆地区，大约50%的入侵物种首次发现于口岸、沿海和沿边的25公里范围之内，随后再逐步扩散蔓延。同时发现，拥有100万人口以上的大城市和对外开放口岸地区的入侵物种首发概率是其他地区的5—6倍。

上海防外来物种入侵，海关查获406只活
体蚂蚁

> **延伸阅读**　**为何回国不能随身携带种子、鲜花、鲜肉、昆虫等动植物及其产品？**

　　国际旅行是外来入侵物种进入中国的主要通道之一。种子、鲜花、鲜肉、昆虫等动植物及其产品（如木质玩具等）可能成为一些寄生生物、境外害虫的虫卵或有害微生物的载体，这些有害生物会随着人员流动无意识地被带入国内。由于这些外来物种在中国没有天敌，一旦遇到合适的环境很容易形成种群扩散并产生危害，造成外来入侵物种传播。因此，不要在国际旅行中携带种子、鲜花、鲜肉、昆虫等物品回国。

我国外来入侵物种主要来自哪些国家和地区？

　　我国地域辽阔，栖息地类型繁多，生态系统多样，大多数外来物种都很容易在我国找到适宜的生长繁殖地，因此，我国也是全球遭受外来入侵物种危害最严重的国家之一。我国的外来入侵物种中大约一半来源于美洲，如豚草、凤眼莲、松材线虫、美国白蛾、稻水象甲等；约 1/4 来源于欧洲，如毒麦、豌豆象、小家鼠等；其余 1/4 来源于非洲、澳洲以及亚洲其他国家和地区。这些外来入侵物种均对我国生态环境和经济生产带来严重危害。

原产北美洲已入侵我国的松材线虫危害状（张润志摄）

原产南美洲已入侵我国的红火蚁叮咬人类（张润志摄）

71 目前我国有多少外来入侵物种？

《2019 中国生态环境状况公报》显示，我国已发现 660 多种外来入侵物种，广泛分布在全国 31 个省（自治区、直辖市）、新疆生产建设兵团以及港、澳、台地区，涉及农田、森林、水域、湿地、草地、岛屿、城市居民区等几乎所有的生态系统，对农业生产、国际贸易、生态系统甚至人畜健康造成了严重影响。

对我国 67 个国家级自然保护区的调查表明，有 215 种外来入侵物种已入侵国家级自然保护区，其中 48 种在《中国外来入侵物种名单》之内。世界自然保护联盟（IUCN）公布了世界上 100 种最具威胁的外来入侵物种，其中 71 种在中国有分布。

值得注意的是，我们生活中常见的德国小蠊（蟑螂）、清道夫、福寿螺、小龙虾、巴西龟等都是外来入侵物种。

> **延伸阅读** **我国发布了哪些外来入侵物种名单?**

生物安全法第六十条规定："国务院有关部门根据职责分工，加强对外来入侵物种的调查、监测、预警、控制、评估、清除以及生态修复等工作。"农业农村部、国家林草局、生态环境部等有关部委均已提出相应的重点管理物种名单，并开展对农业、林业、自然生态系统外来入侵物种的调查、监测与防控等工作。具体的入侵物种名单可从以下文件中查阅。

（1）关于发布中国第一批外来入侵物种名单的通知（环发〔2003〕11 号）

（2）关于发布中国第二批外来入侵物种名单的

通知（环发〔2010〕4号）

（3）关于发布中国外来入侵物种名单（第三批）的公告（环境保护部、中国科学院公告2014年第57号）

（4）关于发布《中国自然生态系统外来入侵物种名单（第四批）》的公告（环境保护部、中国科学院公告2016年第78号）

（5）国家重点管理外来入侵物种名录（第一批）（中华人民共和国农业部公告第1897号）

（6）中华人民共和国进境植物检疫性有害生物名录（中华人民共和国农业部公告第862号）

（7）《全国林业检疫性有害生物名单》和《全国林业危险性有害生物名单》（国家林业局公告2013年第4号）

72 外来入侵物种有哪些危害？

外来入侵物种通常会破坏生态平衡，降低生物多样性，加速本地物种灭绝，通过竞争抑制、取食、引发病害等途径影响农林业生产，造成经济损失，危害人类健康，影响国际贸易，甚至威胁国家安全。

> **相关知识**　**外来入侵物种如何影响生物多样性？**

外来入侵物种已经入侵到我国的森林生态系统、海洋生态系统、农田生态系统以及水生态系统等各类生态系统中。一方面，外来入侵物种通过压制或排挤本土物种的方式改变食物链网络的结构和组成，影响生态系统功能；另一方面，外来入侵物种通过

互花米草与红树林抢夺生存空间

其特有的竞争机制快速生长和繁殖，排挤其他植物，形成优势种群，使得生物多样性迅速降低，最终使原有稳定的生态系统遭受不可逆转的破坏。外来入侵物种还会造成近亲繁殖及遗传漂变，有些外来入侵物种与本土种的基因交流导致对本土种的遗传侵蚀，外来入侵物种的扩散蔓延有可能导致许多本土基因型的消失。

❯ 延伸阅读　"水葫芦"和福寿螺入侵事件

"水葫芦"学名凤眼莲，原产于南美洲的委内瑞拉，20世纪初作为马饲料引入我国，由于战后马匹数量减少，猪禽类又不吃这种饲料，便被人们扔到野外湖泊。"水葫芦"繁殖能力极强，很快便密布整个水域，导致鱼虾绝迹、河道堵塞、船只无法通行、河水臭气熏天。目前，每年用于人工打捞"水葫芦"的费用就高达上亿元。

福寿螺是常见的食用养殖物种，于1981年引入我国广东省中山市，后因口感不佳被遗弃野外。由于缺少天敌，福寿螺大量繁殖，因其咬食水稻导致水稻大量减产，生产受到严重危害。另外，福寿螺体内可携带广州管圆线虫等寄生虫，若生食或食用前加热不彻底易患寄生虫病，侵害中枢神经系统，引起头痛、发热、颈部强硬等症状，严重者可导致脑膜炎，甚至死亡。福寿螺已被列入我国首批外来入侵物种。

福寿螺卵块（张润志摄）

73 为何不能随意将外来入侵物种放归自然?

出于对动植物的热爱，人们对各种途径获得的动植物朴素地实施"放归自然"的方式，不但不能达到保护自然、保护动植物的目的，反而可能造成外来物种入侵，引发极其严重的生态灾难和难以估计的严重后果。

刑法第三百四十四条明确规定，违反国家规定，非法引进、释放或者丢弃外来入侵物种，情节严重的，处三年以下有期徒刑或者拘役，并处或者单处罚金。

生物安全法第六十条明确规定，任何单位和个人未经批准，不得擅自引进、释放或者丢弃外来物种。第八十一条规定，未经批准，擅自释放或者丢弃外来物种的，由县级以上人民政府有关部门根据职责分工，责令限期捕回、找回释放或者丢弃的外来物种，处一万元以上五万元以下的罚款。

对于风险程度不明、释放地不是物种原产地以及未经科学评估与批准的外来物种（包括引进的、养殖的、观赏的、罚没的等），不能随意进行野外释放或者放生。

> **延伸阅读** 随意释放外来物种不可取

2002 年，原产亚洲的黑鱼被作为食用鱼带到了美国。一个美国居民在纽约市场里购买了 2 条这种黑鱼，但回家后并没有食用，而是将其放生到附近的池塘。随后，黑鱼在美国扩散开来，成为侵食美国很多土著鱼类的外来入侵物种。

1966 年，一位年轻的游客将非洲大蜗牛从夏威夷带到了迈阿密，作为礼物献给了他的祖母。这位祖母把非洲大蜗牛放生到了后花园，到 1969 年它的扩散范围达到了 42 个城市街区，为了控制大蜗牛更大范围的蔓延，当地政府每年都要花费数百万美元。非洲大蜗牛最大可长到 20 厘米，取食各种农作物、林木、果树、蔬菜、花卉等，同时还是许多人畜寄生虫和病原菌的中间宿主，传播结核病和嗜酸性脑膜炎，危害严重。

74 什么是生物多样性?

生物多样性是指生物（动物、植物、微生物）与环境形成的生态复合体以及与此相关的各种生态过程的总和，包括遗传（基因）多样性、物种多样性和生态系统多样性三个层次。生物多样性关系人类福祉，是人类赖以生存和发展的重要基础。

生物多样性是人类赖以生存和发展的重要基础

❯ 相关知识　我国生物多样性现状

我国地域辽阔，拥有复杂多样的生态系统类型，是世界上生物多样性最丰富的 12 个国家之一。动植物资源极为丰富，其中高等植物 34450 多种，脊椎动物 4357 种（除海洋鱼类）。我国生物遗传资源丰富，是水稻、大豆等重要农作物的起源地，也是野生和栽培果树的主要起源和分布中心。同时，我国也是生物多样性受到严重威胁的国家之一。生物多样性保护关系到我国社会经济发展全局，关系到当代及子孙后代的福祉，保护生物多样性对于建设生态文明和美丽中国具有重要的意义。

❯ 重要论述　保护生物多样性的郑重承诺

2020 年 9 月 30 日，习近平在联合国生物多样性峰会上发表重要讲话指出，当前，全球物种灭绝速度不断加快，生物多样性丧失和生态系统退化对人类生存和发展构成重大风险。生物多样性关系人类福祉，是人类赖以生存和发展的重要基础。

生物多样性既是可持续发展基础，也是目标和手段。中国将切实践行承诺，抓好目标落实，有效扭转生物多样性丧失，共同守护地球家园。

习近平在联合国生物多样性峰会上发表重要讲话

75 威胁生物多样性的因素有哪些？

除自然条件恶化导致的生物多样性丧失外，现代人类社会和经济发展所引起的物种栖息地丧失与破碎化、对动植物资源的过度利用、气候变化、环境污染、生物入侵以及动物疫病等是威胁全球生物多样性的主要因素。

76 什么是微生物耐药？

微生物耐药，是指微生物对抗微生物药物产生抗性，导致抗微生物药物不能有效控制微生物的感染。

细菌等病原微生物可以造成各类感染性疾病，如肺炎、尿路感染，危害人类健康。人类发明了抗菌药物，用以杀灭细菌，治疗感染性疾病。然而，细菌不会一直乖乖地被杀，它们可能会对抗菌药物的作用产生耐受，使得药物的抗菌作用下降甚至消失。某些细菌天然具有耐药的特性，称为天然耐药或固有耐药，如革兰阴性杆菌对万古霉素天然耐药；还有一种情况是，抗菌药物原本可以杀灭或抑制细菌生长，但在某些因素的作用下，细菌获得了对该药物的耐药性，称为获得性耐药。获得性耐药是目前临床面临的最主要的耐药问题。

细菌是怎么产生耐药性的？

细菌耐药性的产生与抗菌药物的应用有关，是细菌逃避抗菌药物追杀的结果。抗菌药物的广泛使用，对细菌产生了强大的选择压力，为适应这一压力而继续生存，细菌通过遗传物质变异产生耐药性。

人类与细菌之间的赛跑，自青霉素诞生以来从未停止，往往是新抗菌药临床应用之初对细菌抗菌作用很好，但一段时间后，细菌就对其产生耐药性，人类不得不研发出更新的抗菌药物，而细菌又对更新的抗菌药物产生耐药。目前有些细菌对几乎所有抗菌药物都耐药，这类细菌称为"超级细菌"，也就是超级耐药细菌。细菌耐药性的迅速出现警示人们，需要合理应用抗菌药物。

细菌产生耐药性之后有什么危害?

耐药细菌感染治疗困难，比如"超级细菌"碳青霉烯类耐药革兰阴性杆菌造成的感染，目前常用的抗菌药物均对其无效，故治疗失败率高，病死率高。为尝试治疗这类耐药菌感染，医生被迫尝试加大抗菌药物的剂量，联合使用两种或两种以上抗菌药治疗，或延长治疗疗程，以期获得较好的治疗效果。但是，抗菌药物使用过度，也会导致人体原本的菌群失衡，可能会产生新的二重感染（如真菌感染）。细菌耐药性问题正迫使人类花费更大量的人力、财力和时间去研发新的抗菌药物。

耐药菌增多，成为临床治疗难题

79 什么是抗生素和抗菌药物？

　　抗生素，是指由微生物（包括细菌、真菌等）在生命过程中产生的，可以杀灭其他微生物，或者抑制其他微生物生长的化学物质。比如大家熟知的青霉素，就是由青霉菌产生，因其可以杀灭其他细菌，培养基上青霉菌周围没有其他细菌生长，这一现象在 1928 年被英国科学家亚历山大·弗莱明偶然发现，并进一步研究从青霉菌中提取出了人类第一个抗生素——青霉素。

　　抗菌药物含义更广，包括抗生素，以及用化学方法合成或半合成的具有抗菌作用的化合物。人工合成的抗菌药物有：氧氟沙星等喹诺酮类药物、复方磺胺甲噁唑等磺胺类药物、呋喃妥因等呋喃类药物。

养殖动物为什么需要使用抗生素？

　　首先，和人类一样，动物也会生病，养殖动物使用抗生素，可以预防和治疗动物疾病，有效提升动物存活率，改善动物卫生环境，从而保护动物健康与福利。其次，养殖动物使用抗生素可以减少人畜共患病原体的传播，从而保障人类健康。再次，动物蛋白供给是人类食物蛋白的重要组成部分，抗生素治疗和预防动物疾病也是为了保障人类动物蛋白供给。最后，动物的许多致病菌，如大肠杆菌O157、副伤寒沙门氏菌等，不仅会感染动物，而且会通过食物链感染人，使用抗生素可以减少食物链中病原菌的传播。

养殖动物使用的抗生素与人类 使用的抗生素有什么不同？

养殖动物和人类使用的抗生素就化学成分而言，都属于同一化学物质，并不因使用对象不同而有所区别。相对于人类使用抗生素种类数量而言，养殖动物使用抗生素的种类数量较少，并且养殖动物使用的抗菌药物的抗菌水平级别也较低。例如，动物养殖中使用的β-内酰胺类头孢菌素主要为第三代及以下水平类药物，第四代头孢类抗菌药物中，仅有头孢喹肟作为动物专用类抗菌药物。

动物源细菌产生耐药性后对 人类有什么危害？

动物源细菌产生耐药性对人类的危害主要体现在人畜共患病原菌和共生菌通过食物链或环境接触等传

播媒介对人类造成危害。一方面，人畜共患病原菌产生耐药性后，可以直接造成人的食物中毒或感染。另一方面，人和动物共生于同一生态环境系统，许多共生菌（例如大肠杆菌）通过细菌之间接合和转化等途径，将可转移耐药遗传元件或基因进行扩散和传播，进而影响人类宿主菌对药物的敏感水平。

83 什么是生物恐怖？

生物恐怖，是指人为故意使用致病性微生物、生物毒素等实施袭击，损害人类或者动植物健康，引起社会恐慌，企图达到特定政治目的的行为。

生物恐怖的常见袭击方式有气溶胶释放、污染食物或水源、污染空调系统、人体"炸弹"、定点投放等。

84 什么是生物武器？

　　生物武器，是指类型和数量不属于预防、保护或者其他和平用途所正当需要的、任何来源或者任何方法产生的微生物剂、其他生物剂以及生物毒素；也包括为将上述生物剂、生物毒素使用于敌对目的或者武装冲突而设计的武器、设备或者运载工具。

　　生物武器传染性强，传播途径多，杀伤范围大，持续时间长，且难防难治，故有"瘟神"之称。

❯ 延伸阅读　生物武器的袭击方式

　　生物武器的袭击方式通常是将生物战剂雾化成气溶胶散布于空气、秘密投放于食物与水源中或携带于媒介生物上，使目标人畜通过吸入或食入而感染，或通过媒介生物叮咬、直接入侵皮肤黏膜等引起感染，其中危害最大的释放方式是气溶胶释放。

85 生物恐怖或生物武器有什么危害？

生物恐怖或生物战争的危害：一是危害人群生命健康，通过感染受袭人员，引发更大范围的疾病暴发或流行，导致人员发病、中毒或死亡；二是导致社会恐慌，严重干扰人们正常的生活、工作和学习，造成社会心理问题，危害社会稳定、安定；三是增加医疗负担，由于生物恐怖袭击面积效应大、危害时间长、具有传染性、不易被及时发现，短期内可能出现大量患者，给医疗体系和社会保障体系带来巨大挑战；四是造成经济损失，生物恐怖袭击会危及经济作物产量、食物供应，通过感染家畜和农作物，或者污染建筑物，给社会造成巨大的经济损失。

> ❯ 延伸阅读　抗日战争时期的日本生物武器

从 1937 年开始，日本"731 部队"在我国东北地区大肆研究生产鼠疫杆菌、炭疽杆菌、霍乱弧菌、伤寒和副伤寒沙门氏菌及痢疾杆菌，甚至惨绝人寰地进行人体实验，包括活体解剖和细菌感染，以研究各种生物战剂的杀伤效果。我国的抗日人士以及平民百姓被"731部队"当作实验动物强制进行生物战剂感染的实验研究，感染途径包括口服、注射、媒介昆虫叮咬、爆炸后的气溶胶暴露等。在抗日战争期间日军曾在浙江宁波、湖南常德、浙赣铁路沿线等地区实施细菌战，造成中国大量人员伤亡。

位于黑龙江省哈尔滨市的"731部队"遗址

86 什么是《禁止生物武器公约》？

《禁止生物武器公约》全称为《禁止细菌（生物）及毒素武器的发展、生产及储存以及销毁这类武器的公约》，共 15 条，主要内容为：缔约国在任何情况下不发展、不生产、不储存、不取得除和平用途外的微生物制剂、毒素及其武器；也不协助、鼓励引导他国取得这类制剂、毒素及其武器；缔约国在公约生效后 9 个月内销毁一切这类制剂、毒素及其武器；缔约国可向联合国安理会控诉其他国家违反该公约的行为。

> ❯ **延伸阅读** 《禁止生物武器公约》的制定过程

为了禁止在战争中使用任何形式的生物手段，美国、英国、苏联等 12 个国家于 1971 年 9 月 28 日在第 26 届联合国大会上提出《禁止生物武器公约》草案，1972 年 4 月 20 日在华盛顿、伦敦以及莫斯科同时签署，并于 1975 年 3 月 26 日正式生效。中国于 1984 年 11 月 15 日签署公约成为缔约国，截至 2020 年 12 月，《禁止生物武器公约》已经有 183 个缔约国。由于美国长期独家阻挡公约核查议定书谈判，公约缺乏对各国遵约情况进行监督和核查的机制。

我国一贯全面严格履约，每年均按时提交公约建立信任措施国家履约材料，支持加强生物军控多边进程的努力。积极推动重启公约核查议定书谈判，支持加强公约机制建设。在规范生物科研活动、生物防扩散与国际合作等领域积极研提中国倡议。

篇三

推动形成维护生物安全的强大合力

我国生物安全管理体制是怎样的?

中央国家安全领导机构负责国家生物安全工作的决策和议事协调，研究制定、指导实施国家生物安全战略和有关重大方针政策，统筹协调国家生物安全的重大事项和重要工作，建立国家生物安全工作协调机制。

省、自治区、直辖市建立生物安全工作协调机制，组织协调、督促推进本行政区域内生物安全相关工作。地方各级人民政府对本行政区域内生物安全工作负责。县级以上地方人民政府有关部门根据职责分工，负责生物安全相关工作。基层群众性自治组织协助地方人民政府以及有关部门做好生物安全风险防控、应急处置和宣传教育等工作。有关单位和个人配合做好生物安全风险防控和应急处置等工作。

什么是国家生物安全工作协调机制?

　　国家生物安全工作协调机制由国务院卫生健康、农业农村、科学技术、外交等主管部门和有关军事机关组成,分析研判国家生物安全形势,组织协调、督促推进国家生物安全相关工作。国家生物安全工作协调机制设立办公室,负责协调机制的日常工作。国家生物安全工作协调机制成员单位和国务院其他有关部门根据职责分工,负责生物安全相关工作。

 政府有关部门开展生物安全监督检查都有哪些措施?

　　生物安全法第二十六条规定,县级以上人民政府有关部门实施生物安全监督检查,可依法采取下列措施:(1)进入被检查单位、地点或者涉嫌实施生物安全违法行为的场所进行现场监测、勘查、检查或者核查；（2）向有关单位和个人了解情况；（3）查阅、复制有关文件、资料、档案、记录、凭证等；（4）查封涉嫌实施生物安全违法行为的场所、设施；（5）扣押涉嫌实施生物安全违法行为的工具、设备以及相关物品；（6）法律法规规定的其他措施。

针对重大新发突发传染病疫情，国家有哪些应对措施？

生物安全法明确规定了应对重大新发突发传染病疫情的相关工作内容。

一是国家建立了重大新发突发传染病联防联控机制。明确规定了国务院各主管部门的职责和任务，规定了疾病预防控制机构、医疗机构等的工作范围和任务，规定了各级人民政府的职责和任务，规定了公民的责任和义务。在疫情发生时，各级人民政府要统一履行本行政区域内疫情防控职责，加强组织领导，立即组织疫情会商研判，及时采取控制措施，开展群防群控、医疗救治，动员和鼓励社会力量依法有序参与疫情防控工作。

二是疾病预防控制机构对传染病和列入监测范围的不明原因疾病开展主动监测，收集、分析、报告监测信息，预测新发突发传染病的发生和流行趋势。

三是加强国境、口岸传染病联合防控能力建设，建立传染病防控国际合作网络，尽早发现、控制重大新发突发传染病。

《求是》杂志发表习近平重要文章《构建起强大的公共卫生体系，为维护人民健康提供有力保障》

91 为了防控动物疫情，国家采取了哪些措施？

国家对动物疫病实行预防为主，预防与控制、净化、消灭相结合的方针，要求县级以上人民政府加强对动物防疫的统一领导，加强基层动物防疫队伍建设，建立健全动物防疫体系，制定并组织实施动物疫病防治规划。

国家有关法律法规规定，对危害严重的动物疫病，要采取强制免疫措施，发生疫情时还要采取封锁、隔离、扑杀、销毁等应急处置措施；对危害严重的人兽共患病，要采取宣传教育、免疫接种、检疫扑杀、移动控制、人员防护等措施；对于尚未传入我国的外来动物疫病，要强化监视预警、入境检疫、边境监管等措施。对从事动物饲养、运输、屠宰、经营等，以及动物产品生产、经营、加工、贮藏等活动的单位和个人，要根据有关法律法规和规范，做好各项具体防疫工作。

 针对植物疫情国家采取哪些防控措施？

国家建立了动植物疫情联防联控机制，明确规定了国务院各主管部门的职责和任务，规定了相关专业机构的工作范围和任务。制定了有害植物清单名录，植物病虫害预防控制机构对植物疫病开展主动监测，收集、分析、报告监测信息，预测植物疫病的发生和流行趋势。国家相关口岸、农业和林业部门依据相关法律法规，对重大植物疫情进行防控。建立植物疫情防控国际合作网络，加入国际植物保护公约组织，与世界各国共同采取有效的行动来防止植物及植物产品有害生物的扩散和传入，同时促进采取防治有害生物的措施。

湖北保康县茶农采用生物防虫措施，在茶园内安放黄色粘虫板（赵声普摄，人民视觉）

❯ 延伸阅读 我国制定对植物具有危险性的

有害生物名录（名单）

　　《中华人民共和国进境植物检疫性有害生物名录》（2007 年修订版）由原国家质检总局与原农业部共同制定发布，包括我国口岸禁止入境的 435 种(属)的植物危险性有害生物。《全国农业植物检疫性有害生物名单》（2020 年修订版）由农业农村部制定发布，包括 31 种在我国有局部发生、传播扩散能力强、对农作物威胁大的有害生物，其中昆虫 9 种、线虫 3 种、细菌 7 种、真菌 6 种、病毒 3 种、杂草 3 种。《全国林业植物检疫性有害生物名单》于 2013 年由国家林业局发布，包括松材线虫等 14 种严重威胁、危害林业的检疫性有害生物。《一类农作物病虫害名录》由农业农村部制定发布，针对我国发生范围广、危害严重、需要国家协调指导和组织防控的重要农作物有害生物，包括草地贪夜蛾等 10 种作物害虫和小麦条锈病等 7 种作物病害。

93 如何保障人类遗传资源安全和国家生物资源安全？

生物安全法对我国人类遗传资源的管理进行了详细规定，明确规定开展涉及人类遗传资源的活动，必须以维护我国公众健康、国家安全和社会公共利益为原则，必须符合伦理规定，必须保护资源提供者的合法权益，必须遵守相应的技术规范；全面加强对采集、保藏、利用、对外提供我国人类遗传资源各环节的管理，明确管理责任和要求，健全管理体系；加大对违法违规行为的处罚力度。

保护国家生物资源安全，需要开展以下工作：健全我国生物资源的管理体制，坚持保护优先，并加强生物资源监测；建立生物资源获取与惠益分享机制，科学开发利用生物资源，创新保护和发展模式，加强对领土范围内生物资源的保护意识，制定科学有效的监管措施，从而确保国家生物资源安全。

94 我国采取哪些措施防范外来物种入侵？

近年来，我国不断加强外来入侵物种防控管理，在法律法规、政策支持、名单管理和科技投入等方面开展了大量工作。一是出台相关法律法规和政策性文件，加强对动植物进出口、检疫审批管理和外来有害生物防控。二是将外来物种入侵防控纳入国民经济和社会发展"十四五"规划，多部门联合加强外来入侵物种防控管理工作。三是加强对外来入侵物种的调查、监测、预警、控制、评估、清除以及生态修复等工作，制定重点管理外来入侵物种名单，强化传播扩散源头管理，防患于未然。四是加大科技投入，加强外来入侵物种入侵机制、防控技术等方面的科学研究。五是开展科普宣传，使公众认识到防范外来物种入侵的危害性，提升公众社会责任意识，形成全社会共同防范外来物种入侵的良好氛围。

> **相关知识** 防范外来物种入侵相关法律法规

有哪些?

我国已出台《中华人民共和国进出境动植物检疫法》《中华人民共和国森林法》《中华人民共和国种子法》《中华人民共和国生物安全法》《中华人民共和国水污染防治法》《中华人民共和国长江保护法》《中华人民共和国植物检疫条例》《国务院办公厅转发质检总局关于加强防范外来有害生物传入工作意见的通知》等多部法律法规和规范性文件,其中,生物安全法专门对防范外来物种入侵做了相关规定,为防范外来物种入侵与保护生物多样性提供了更加明确的法律依据。

95 国家采取哪些措施保护生物多样性?

一是就地保护。把包含保护对象在内的一定面积的陆地或水域划分出来,进行保护和管理,如建立自然保护区实行就地保护。

二是迁地保护。在保护对象分布地之外的地方，通过建立动物园、植物园、树木园、野生动物园、种子库、基因库、水族馆等不同形式的保护设施，对一些比较珍贵的物种、具有观赏价值的物种或其基因实施人工辅助保护，待被保护对象具备自然生存能力时再让其重新回到生态系统中。

三是建立基因库。为了保护主要农作物的栽培种及其濒临灭绝的野生亲缘种，建立全球性的基因库

山东青岛市城阳区野生动植物保护志愿者为小学生科普保护生物多样性理念（王海滨摄，人民视觉）

网，实现保存物种的目的。

四是构建法律体系。完善相关法律制度，加强对外来物种引入的评估和审批，运用法律手段保护生物多样性。

❯ 相关知识　我国自然保护区概况

　　建立自然保护区是实施生物就地保护的重要措施之一。我国于1956年建立了第一个自然保护区——广东肇庆鼎湖山自然保护区。截至2020年，我国已建成国家级自然保护区474个，面积98.61万平方公里。我国自然保护区的建立与发展可以分为三个阶段：萌芽期（1956—1993年），这期间建立了763个保护区，覆盖了6.7%的内陆面积；快速发展期（1993—2007年），保护区数量和覆盖面积比例快速增长至2531个和15.2%；平稳期（2007年至今），截至2017年，保护区数量和覆盖面积比例达到2750个和14.8%。这些自然保护区在保护自然植被和动植物群落、保护生态环境和生物多样性、开展科学研究、发展旅游产业等方面发挥了重要作用。

> **延伸阅读**　**什么样的物种需要保护？**

　　一些珍贵、濒危的物种，或数量稀少、分布区狭窄的、中国特有的、中国生态系统旗舰种以及在中国分布区极小、种群极小，具有重要生态、科学、经济及社会价值的物种需要进行保护。我国政府和相关部门制定和公布需要保护的动植物名录，并根据评估情况对名录进行调整和更新。

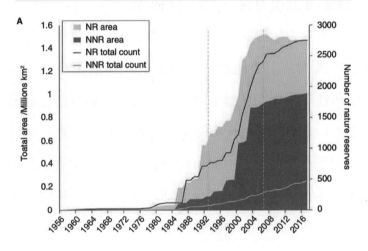

1956 年至 2016 年在中国建立的自然保护区覆盖面积和数量

注：绿色与灰色阴影分别表示自然保护区与国家级自然保护区的覆盖面积；灰色与橙色线分别表示自然保护区与国家级自然保护区的数量。垂直的灰色虚线将时间分为三个时期：萌芽期、快速发展期和平稳期（图源：Li and Pimm, Current Biology）

96 国际组织及我国采取了哪些措施控制细菌耐药性的发生与传播？

控制细菌耐药性需要加强人类、动物和环境多个领域共同合作。2016年出席联合国大会的193个成员国在纽约签署了一份历史性宣言，承诺加强合作，扫除抗生素也对付不了的"超级病菌"。

世界卫生组织作为负责人类卫生与健康的联合国工作机构，主要通过八个方面的工作措施控制细菌耐药性的发生与传播：评估抗微生物药物耐药性监测进展；支持各国执行抗微生物药物耐药性国家行动计划；促进遏制抗微生物药物耐药性的国际合作；开展抗微生物药物耐药性研究和研发工作；抗微生物药物的优化使用；建立预防感染能力；促进全球抗微生物药物使用和耐药性的监测；提高对抗微生物药物耐药性的认识和教育。

世界动物卫生组织的战略目标和策略包括：支持成员国控制抗微生物药物耐药性工作，倡导人和动物谨慎使用抗微生物药物，建立全球动物抗微生物药物数据库，每年发布年度动物使用抗微生物药物报告；组织建立和推广政府间合作标准和指导方针（例如，兽用抗微生物药物重要性等级列表），并鼓励世界各国执行国际相关标准。

2016年，中国国家卫生计生委等14个部门联合印发《遏制细菌耐药国家行动计划（2016—2020年）》，从国家层面实施综合治理策略和措施，对抗菌药物的研发、生产、流通、应用、环境保护等各个环节加强监管，加强宣传教育和国际交流合作，应对细菌耐药带来的风险挑战。2017年，农业部印发《全国遏制动物源细菌耐药性行动计划（2017—2020年）》对正确合理使用抗菌药物进行宣传和教育工作，开展兽用抗菌药物监管、监测和监控行动，组织养殖场开展减少使用抗菌药物示范行动。

国家采取哪些措施防范生物恐怖或生物武器威胁?

生物安全法第六十一条规定,国家采取一切必要措施防范生物恐怖与生物武器威胁,具体包括:禁止开发、制造或者以其他方式获取、储存、持有和使用生物武器;禁止以任何方式唆使、资助、协助他人开发、制造或者以其他方式获取生物武器。

第六十二条规定,国务院有关部门制定、修改、公布可被用于生物恐怖活动、制造生物武器的生物体、生物毒素、设备或者技术清单,加强监管,防止其被用于制造生物武器或者恐怖目的。

第六十三条规定,国务院有关部门和有关军事机关根据职责分工,加强对可被用于生物恐怖活动、制造生物武器的生物体、生物毒素、设备或者技术进出境、进出口、获取、制造、转移和投放等活动的监测、调查,采取必要的防范和处置措施。

第六十四条规定,国务院有关部门、省级人民政府及其有关部门负责组织遭受生物恐怖袭击、生物武器攻击后的人员救治与安置、环境消毒、生态修复、安全监测和社会秩序恢复等工作。

第六十五条规定，国家组织开展对我国境内战争遗留生物武器及其危害结果、潜在影响的调查。

98 开展生物安全知识宣传普及的有关要求是什么?

生物安全法第七条规定了政府及各部门、相关机构和单位以及新闻媒体在开展生物安全知识宣传普及工作中的职责和任务。

各级人民政府及其有关部门应当加强生物安全法律法规和生物安全知识宣传普及工作，引导基层群众性自治组织、社会组织开展生物安全法律法规和生物安全知识宣传，促进全社会生物安全意识的提升。

相关科研院校、医疗机构以及其他企业事业单位应当将生物安全法律法规和生物安全知识纳入教育培训内容，加强学生、从业人员生物安全意识和伦理意识的培养。

新闻媒体应当开展生物安全法律法规和生物安全知识公益宣传，对生物安全违法行为进行舆论监督，增强公众维护生物安全的社会责任意识。

全民国家安全教育日宣传活动（李丹摄）

公众如何参与维护国家生物安全？

公众应当遵守生物安全法律法规，不得危害生物安全。任何单位和个人有权举报危害生物安全的行为。有关单位和个人应当配合做好生物安全风险防控和应急处置等工作。任何单位和个人不得编造、散布虚假的生物安全信息。任何单位和个人发现传染病、动植物疫病的，应当及时向医疗机构、有关专业机构或者部门报告。个人不得购买或者持有列入管控清单的重要设备和特殊生物因子。个人不得设立病原微生物实验室或者从事病原微生物实验活动。境外组织、个人及其设立或者实际控制的机构不得在我国境内采集、保藏我国人类遗传资源，不得向境外提供我国人类遗传资源。任何单位和个人未经批准，不得擅自引进、释放或者丢弃外来物种。

公众如何获取新发传染病的疫情信息？

国家建立突发事件的信息发布制度。公众获得新发传染病疫情信息的最主要渠道是国务院卫生健康主管部门（国家卫生健康委），或者授权省、自治区、直辖市人民政府卫生健康主管部门发布的信息。政府发布的信息及时、准确、全面，是公众获得信息的主要来源。

公众也可从国家疾病预防控制机构、动物疫病预防控制机构等专业机构，获得一部分技术数据和信息。这些机构承担法律赋予的传染病监测、预测、预警等信息收集和分析工作，会在法律规定范围内公开和共享技术数据和信息，包括疾病监测、预测、预警、诊断、治疗、预防、控制等技术信息，具体指导疫情防控。

公众还可以通过学术期刊公开发表的研究论文、综述、评论等获取疫情防控信息。正确理解和使用学术性较强的研究结果和观点需要一定的科学基础和知识。

101 在重大传染病防控中，个人有哪些责任和义务？

　　发现传染病病人或者疑似传染病病人时，应当及时向附近的疾病预防控制机构或者医疗机构报告。对重大新发突发传染病事件，不得隐瞒、缓报、谎报；不得授意他人隐瞒、缓报、谎报；不得阻碍他人报告。在国家或地方政府专业技术机构进入突发事件现场进行调查、采样、技术指导、开展调查溯源时，应当予以配合，不得以任何理由予以拒绝、阻挠。要如实说明情况，提供资料。个人不得设立病原微生物实验室或者从事病原微生物实验活动。个人有权向上级人民政府及其有关部门举报地方人民政府及其有关部门不履行重大新发突发传染病应急处理职责，或者不按照规定履行职责的情况。

102 饲养动物应如何做好防疫工作？

畜禽养殖等各环节从业者负有动物防疫主体责任。《中华人民共和国动物防疫法》等法律法规规定，动物饲养场须具备规定的动物防疫条件，饲养者须按规定做好免疫、检测、清洗、消毒、无害化处理等动物防疫工作；配合做好动物疫病监测和监督检查；发现动物染疫或疑似染疫（非正常发病、死亡）的，须及时采取隔离等控制措施，并立即向所在地动物疫病预防控制机构或农业农村部门报告。在疫情处置过程中，要遵守动物疫情控制的有关规定，配合做好动物疫情处置工作。犬、猫等宠物饲养者，要做好免疫接种和驱虫等预防措施，保护自身和宠物健康。

> **❯ 延伸阅读** 我们日常消费的肉类等动物产品是否安全？
>
> 我国实施严格的动物、动物产品检疫制度。牛、

羊、猪、禽等主要畜禽在进入经营、运输、屠宰等环节前，需要由货主向动物卫生监督机构申报检疫，动物卫生监督机构的官方兽医按照国家规定的产地检疫、屠宰检疫规程实施检疫，经检疫合格方可经营、屠宰和运输。屠宰企业须按照品质检验规程实施品质检验。农业农村部门还通过开展日常监管、专项整治等方式，对动物产品检疫、品质检验制度落实情况进行监督检查，维护动物产品安全。

北京加强动物疫情排查

103 日常生活中发现死亡动物时该怎么办？

　　死亡的动物可能携带有害病原。如果处置不当，可能会向动物甚至人类传播疾病。因此，日常生活中发现非正常死亡动物时，应当避免接触，并及时向当地政府报告。

《中华人民共和国动物防疫法》规定，从事动物疫病监测、检测、检验检疫、研究与诊疗以及动物饲养、屠宰、经营、隔离、运输等活动的单位和个人，发现动物染疫或者疑似染疫时，应当立即向所在地农业农村主管部门或者动物疫病预防控制机构报告，并迅速采取隔离等控制措施，防止动物疫情扩散，并配合做好动物疫情的控制、扑灭等工作；上述单位和个人不按照规定报告动物疫情，须承担法律责任。

104 国际合作中如何保护我国人类遗传资源和生物资源?

我国法规不允许境外组织、个人及其设立或者实际控制的机构等外方单位在我国境内采集、保藏我国人类遗传资源，也不允许其向境外提供我国人类遗传资源。"外方单位"需要通过与我国科研机构、高等学校、医疗机构、企业等中方单位合作的方式，经国家相关部门审批或备案后才能利用我国人类遗传资源和生物资源开展国际科学研究合作。应当符合伦理原则，不得危害公众健康、国家安全和社会公共利益。应当保证中方单位及其研究人员全过程、实质性地参与研究，依法分享相关权益。如将我国人类遗传资源材料运送、邮寄、携带出境，应当经国务院科学技术主管部门批准。可以单独提出申请，也可以在开展国际合作科研研究申请中列明出境计划，一并提出申请。只有中方单位可以申请材料出境，外方单位则不得申请。

105 导致人类遗传资源和生物资源流失的途径有哪些？

生物资源流失途径主要包括：国外研究机构利用经费资助等方式使国内学者携带生物遗传资源出境；利用与机构单位或个人合作的机会，在我国进行生物资源考察、采集与收集，甚至把一些生物标本、器官、组织或衍生物及其产品带出境；以独资和合资等方式在我国境内设立分支机构，进行生物资源的勘探与筛选，开发产品，再借助专利等知识产权形式销售给国内外市场；从我国进口生物原料和生物提取物，以廉价方式获得生物遗传资源及其衍生物。

106 将自己的血样寄往国外做检测还需要国家监管吗？

生物安全法规定，国家对我国人类遗传资源和生物资源享有主权。将我国人类遗传资源材料运送、邮寄、携带出境应当经国务院科学技术主管部门批准。血样属于遗传资源，无论是个人还是团体都要受到国家监管，不能自行处置寄往国外。此外，根据国家法律规定，入境、出境的微生物、人体组织、生物制品、血液及其制品等特殊物品，需要办理卫生检疫审批。将自己的血样寄往国外做检测，需要提前办理检疫审批和通关手续，未经检疫合格，不准入境、出境。

 **为什么需要志愿者贡献个体样本和数据？**

　　健康是人们共同的美好追求，为了实现这个目标，需要研究疾病从何而来、疾病在人体内如何发展、如何有效预防和治疗疾病等，而所有这些研究都需要利用人的样本和数据。样本和数据的数量和类型越多，研究结果的可信度就越高，转化为应用成果也会越快。例如通过检测同种疾病患者血液或组织中的基因，发现致病基因，可帮助开发治疗疾病的新方法；对比健康人和疾病患者的生活环境和习惯，将有助于制定出疾病的有效预防策略等。

　　所有研究的最终目标都是造福于民，因此，作为志愿者，贡献自己的样本数据，助力科学研究，最终也是造福自己。

公众如何参与到保护生物多样性的工作中?

　　生物多样性保护工作由政府领导开展,同时需要全社会的支持与配合。作为普通公众,可以通过参加公益宣传活动、阅读书籍、上网等途径学习生物多样性相关知识,掌握保护珍稀濒危物种、预防外来物种入侵的常识;发现破坏生物多样性或随意放生等现象积极进行劝阻或者向相关部门反映;在日常生活中,不食用、使用野生动植物及其制品,不随意放生饲养的宠物,不跨境网购、携带、邮寄境外动植物及其制品。从身边的小事做起,积极参与到保护生物多样性的工作中。

❯ 相关知识　生物多样性保护相关节日有哪些?

　　与生物多样性保护相关的重要节日有植树节(3月12日)、世界水日(3月22日)、国际生物多样性日(5月22日)、世界环境日(6月5日)等。在节日期间,政府相关部门和民间环保机构会组织开展广泛的社会公益宣传活动，普及保护生态环境、保护生物多样性的相关知识，公众可以通过新闻媒体、网络平台、社区活动等积极参与。

❯ 延伸阅读　全民国家安全教育日

2015 年 7 月 1 日施行的国家安全法将每年 4 月 15 日定为全民国家安全教育日。在全民国家安全教育日到来之际，全国各地都会开展形式多样、丰富多彩的宣传教育活动。通过报纸、广播、电视、短信、微信、微博等媒体和社交网络，开展宣传教育活动，向公众普及国家安全相关知识，增强全社会的国家安全意识。

109 遏制细菌耐药性我们应该怎么做？

政府、科研工作者、医生、药物生产者、消费者和动物养殖相关从业者等，从社会不同角度共同遏制细菌耐药性。

政府应加大科学宣传力度，引导全民树立正确的细菌耐药性认识和合理正确使用抗菌药物的意识；加强抗菌药物规范化管理，严格落实执行国家出台的有关抗菌药物专项治理规定及相关法律、法规和规章；加大对动物养殖相关从业者的培训宣传工作，监督和规范抗菌药物使用，落实执业兽医师处方药制度。

科研工作者应加强抗菌药物耐药性监测和新抗菌药物与替代品的研发工作。

医生应谨慎、科学使用抗菌药物，保证抗菌药物药效的可持续性。

作为普通公众，应加强疫苗接种和体育锻炼，增强自身免疫力和抵抗力；患病后及时就医，在医生的指导下，精准施药治疗，合理使用抗菌药物，做到不滥用或盲目使用抗菌药物。

110 **如何识别生物恐怖袭击**？

生物恐怖具有突发性，恐怖分子可以在任意地点、任意时间进行生物恐怖活动，而且不需要太多特殊装备和特殊手段，因此，生物恐怖很难在第一时间预防和控制，及时和准确识别生物恐怖袭击就显得尤为重要。

常用的识别方法如下：一是闻到异常气味，如大蒜味、辛辣味、苦杏仁味等；二是出现异常现象，如大量昆虫死亡、出现异常烟雾、植物出现异常变化等，或者患者沿着风向分布，同时出现大量动物或人的病例；三是现场人员出现大量相同的症状，如恶心、胸闷、惊厥、皮肤瘙痒、溃烂等，或者在同一区域出现原本没有或者极其罕见的异常疾病；四是环境出现异常物品，如遗弃的防毒面具和容器、不明粉末或液体、大量昆虫等；五是在非流行区域发生异常流行病。

当遇到可疑袭击行为时，个人或单位应立即向当地警方和疾病预防控制机构报告。

111 如何避免恐怖分子获得生物武器或生物恐怖剂？

为避免恐怖分子获得生物武器或生物恐怖剂，在国际层面，推动加强反对生物武器、生物恐怖剂的国际法律体系；在国家层面，需要从源头和过程上加强监督、监管；在社会层面，要加强科技人员对于生物技术使用的科研伦理道德约束；在公众层面，加强学习相关科学文化知识，掌握最基本的防生袭击应对措施。

112 面对生物恐怖或生物武器袭击我们如何利用身边物品进行有效防范?

无论是病毒、细菌、真菌，还是昆虫和媒介动物，病原体只要不通过呼吸、接触和食用等方式与身体接触，理论上就是安全的。因此，物理隔离是防范生物恐怖或生物武器袭击的基本策略。普通民众一旦怀疑遇到生物恐怖或生物武器袭击，首先第一时间要做好身体与环境的隔离，要用口罩或毛巾捂住口鼻，戴手套、帽子，穿塑料外衣、胶靴，扎好袖口和裤脚，将上衣扎在裤腰内，围好颈部。有条件时，可以使用酒精等医用消毒制剂消毒暴露部位。在专业警报没有解除之前，尽可能待在家里，并做好门窗密闭防护。

113 针对进出境、过境生物安全风险和境外重大生物安全事件，国家有哪些应对措施？

生物安全法第二十三条规定，海关对发现的进出境和过境生物安全风险，应当依法处置。经评估为生物安全高风险的人员、运输工具、货物、物品等，应当从指定的国境口岸进境，并采取严格的风险防控措施。

生物安全法第二十四条规定，境外发生重大生物安全事件的，海关依法采取生物安全紧急防控措施，加强证件核验，提高查验比例，暂停相关人员、运输工具、货物、物品等进境。必要时经国务院同意，可以采取暂时关闭有关口岸、封锁有关国境等措施。

视 频 索 引

151

后 记

生物安全是人民健康、社会安定以及维护国家利益的重要保障。党中央从保护人民健康、保障国家安全、维护国家长治久安的高度，把生物安全纳入国家安全体系。习近平总书记围绕国家生物安全作出系列重要指示批示，强调要全面研究全球生物安全环境、形势和面临的挑战和风险，深入分析我国生物安全的基本状况和基础条件，系统规划国家生物安全风险防控和治理体系建设，全面提高国家生物安全治理能力，加快构建国家生物安全法律法规体系、制度保障体系。为全面贯彻党中央加强国家安全教育的部署要求，落实增强生物安全领域全民国家安全意识的重要任务，中央有关部门组织编写了本书。

本书由国家卫生健康委牵头，外交部、科技部、农业农村部、中央军委后勤保障部共同编写。马晓伟任本书主编，曾益新、马朝旭、徐南平、于康震、季建华任副主编。本书调研、写作和修改主要工作人员有（按姓氏笔画顺序排序）：王卫、王兰兰、王明贵、王健伟、王景林、元英进、卢永、叶强、生甡、吉晟男、吕书红、刘承、刘登峰、江佳富、李莉、李燕、李长宁、李英华、李雨波、李思思、李俊生、李振军、李梦童、杨青、杨宠、吴敬、辛文文、初冬、张刚、张荔、张润志、陈兴栋、陈娉楠、陈磊森、武桂珍、金力、金奇、郑应华、赵赤鸿、赵彩云、钟武、侯雪新、姜一峰、秦天、袁志明、聂雪琼、徐世新、徐发荣、徐建国、黄保续、曹玉玺、康京丽、梁冰、彭鹏、魏晓青。在编写出版过程中，中国健康教育中心、人民出版社等单位给予了大力支持，在此一并表示感谢。

书中如有疏漏和不足之处，还请广大读者提出宝贵意见。

编　者

2021 年 3 月

组稿编辑：张振明
责任编辑：余　平　崔秀军　孔　欢
视频编辑：池　溢
装帧设计：周方亚
责任校对：吕　飞

图书在版编目（CIP）数据

国家生物安全知识百问／《国家生物安全知识百问》编写组著 . —
　北京：人民出版社，2021.4
　ISBN 978 - 7 - 01 - 023321 - 5

I.①国…　II.①国…　III.①生物工程 - 安全管理 - 中国 -
问题解答　IV.① Q81－44

中国版本图书馆 CIP 数据核字（2021）第 061498 号

国家生物安全知识百问
GUOJIA SHENGWU ANQUAN ZHISHI BAIWEN

本书编写组

人民出版社 出版发行
（100706　北京市东城区隆福寺街 99 号）

北京尚唐印刷包装有限公司印刷　新华书店经销

2021 年 4 月第 1 版　2021 年 4 月北京第 1 次印刷
开本：880 毫米 × 1230 毫米 1/32　印张：5.5
字数：50 千字

ISBN 978 - 7 - 01 - 023321 - 5　定价：24.00 元

邮购地址 100706　北京市东城区隆福寺街 99 号
人民东方图书销售中心　电话（010）65250042　65289539